大话程序员

从入门到优秀全攻略

安晓辉◎著

U0318781

清华大学出版社

北京

内 容 简 介

本书分为选择、修炼、面试和职场基本功四部分。

第一部分有3章，分别是软件开发工程师一览，你适合做软件开发吗，选择适合你的方向。从职业规划和发展的角度，提供了一些工具、方法和模型，帮助我们解答是否要从事软件开发、干什么岗位、在什么样的行业和公司工作等问题。

第二部分有2章。开发者的职场成长路径一章介绍了开发者的未来发展方向，让大家对自己的职场发展路径有所认识；技术成长指北一章提供了一种技术修炼的模板方法论，每个人都可以将其用到自己身上，变成自己的技术修炼道路。

第三部分，讲述了如何打好面试这场硬仗，分澄清、准备、面试、复盘四个阶段，系统介绍了如何准备一次求职面试，善用之，能够大幅提高面试的成功率。

第四部分，我们跳出开发者的技术性工作，精选了日常职场中频繁用到的10种职场基本功，包括结果导向的工作思维，结论先行的汇报策略，沟通中如何区分事实和判断，如何请求帮助，怎样给别人反馈，如何追随上司，怎样超越上司的期待，如何坚持计划实现目标，怎样突破成长困境，以及职业规划的3个锦囊。这些思维、方法、意识和工具，能够为技术之路保驾护航，让我们走得更高、更远。

图书在版编目（CIP）数据

大话程序员：从入门到优秀全攻略 / 安晓辉著. —北京：清华大学出版社，2019

ISBN 978-7-302-52604-9

Ⅰ．①大… Ⅱ．①安… Ⅲ．①程序设计 Ⅳ．①TP311.1

中国版本图书馆CIP数据核字(2019)第044589号

责任编辑：陈绿春
封面设计：潘国文
责任校对：胡伟民
责任印制：杨 艳

出版发行：清华大学出版社
　　　　　网　　　址：http://www.tup.com.cn，http://www.wqbook.com
　　　　　地　　　址：北京清华大学学研大厦A座　　　　邮　　编：100084
　　　　　社 总 机：010-62770175　　　　　　　　　邮　　购：010-62786544
　　　　　投稿与读者服务：010-62776969，c-service@tup.tsinghua.edu.cn
　　　　　质 量 反 馈：010-62772015，zhiliang@tup.tsinghua.edu.cn
印 刷 者：北京鑫丰华彩印有限公司
装 订 者：三河市溧源装订厂
经　　销：全国新华书店
开　　本：170mm×240mm　　　印　　张：16.75　　　字　　数：278千字
版　　次：2019年6月第1版　　　　　　　　　　　　印　　次：2019年6月第1次印刷
定　　价：59.00元

产品编号：080058-01

前　言

　　这本书的"种子"，在我 2005 年初决定从事软件开发的那一刻就埋下了，经历了十几年岁月的滋养，现在才破土而出。因此，我们要回到最初，从我的职业路线图说起。

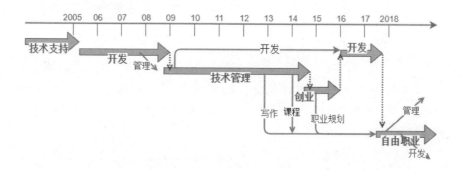

粗线箭头代表工作的主线剧情，细线箭头代表发展出的支线

　　从上图可以看出，我从 2005 年到 2018 年，先后经历了 6 个主线剧情，完成了 5 次转型，下面简要回顾一下。

　　2005 年年初，我决定告别程控交换设备的售后技术支持工作，转型从事软件开发工作。

　　在这个过程中，经历了技术选择、自学、跨行找工作、漫长的面试与被鄙视等跨行进入软件开发领域会必然遇见的问题，最终转型为开发宽带接入产品的软件工程师。

　　对职业选择与个人发展相关问题的探索，从这个时期的各种"切肤之痛"开始。

　　2008 年下半年至 2009 年年初，从开发者转型为研发部门经理，同时还负责部分软件架构设计和核心模块的编码工作。这样的状态持续了将近 6 年，一直到 2014 年 9 月。

在这个过程中，从零开始从事智能机顶盒产品开发并且持续 6 年不断打磨、反复迭代，我的技术能力在软件架构、程序设计、编码实现等方面都发生了跃迁。同时，因长时间使用 Qt，在 Qt 应用开发方面也有了比较深的积淀，出版了《Qt on Android 核心编程》和《Qt Quick 核心编程》两本技术图书。

也是在这个时期，我完成了从"自己单干"到"带团队一起干"的转变，从技术角色转向了管理角色，对技术、项目、管理等有了较为全面的经验和思考。

2014 年下半年，接受朋友邀请，加入创业者行列。这算是很多程序员都会做的一道附加题，它让我深刻体会到什么是"无路可退、无人可靠"。

2015 年年底，解散创业团队。

这时我已经系统地学习了职业规划技术，于是对自己做了深入挖掘和分析，发现自己的成就感还是来源于技术性工作，所以果断选择了回归开发岗位。

还是在 2015 年，考虑到我独特的"软件开发 + 职业规划"背景，可以更好地帮助从事开发的小伙伴规划自己的职业生涯，我开通了微信公众号"程序视界"，分享我对职业的理解。

2016 年年初，很多小伙伴开始在公众号后台问我各种问题，所以决定开通"有问有答"栏目，免费回答"程序视界"关注者的提问，希望能帮到更多的有缘人。

2017 年 7 月，我对自我支配的渴望强烈到难以再忍受组织束缚的地步，于是主动离队，成为自由职业者。

经过几次生涯探索和规划，我决定专注于开发者的职场成长领域，将自己定位为程序员的成长顾问，以写作、课程、职业咨询等方式养活自己。

成为自由职业者后，我有了更多的时间思考 IT 职场的问题，公众号"程序视界"的"有问有答"栏目经过两年多的运营，回答的问题已经涵盖了技术选择、跳槽策略、职场适应、生涯规划、上下级沟通、怎么转型从事软件开发、如何快速提升自己等各个方面。

在这些问题中，有两类问题出现了周期性，反反复复、持续不断地被提出来。

一类是薪水方面的问题，例如，选择什么样的公司会有高薪？如何面试能拿到高薪职位？Java 后台服务开发和前端哪个薪水更高更有前途？公司好久没涨薪水了该怎么办？该不该发展副业赚点外快？

一类是能力提升方面的问题，例如，工作两年多感觉技术很菜该怎么办、想学新东西总是坚持不下来怎么办？要学的技术好多，时间不够用怎么办？公司的技术氛围不好，我成长得太慢要不要跳槽？做开发好痛苦，还要不要坚持下去？

这些问题以各种形式反复出现，让我意识到，那些刚从事软件开发工作没几年，还没走过初、中级阶段，尚未建立自己的知识体系形成优势的小伙伴们的普遍问题，于是我就萌生了"写一本书系统回答这些问题"的想法。

经过分析，我发现这些问题通常是由下面几种原因造成的。

◆ 不了解自己的个性和职业倾向，行差踏错进入软件开发领域。
◆ 不懂职场选择的通用逻辑。
◆ 不知道什么样的岗位更适合自己。
◆ 不了解技术修炼的一般性方法和框架。
◆ 不懂怎么系统地为面试做准备。
◆ 不具备必要的职场基本功（软能力）。

于是，我就面对着这些问题和潜在的原因，不断追问自己，梳理、整合、抽象、重构，慢慢地把自身的职场经历与体验、职业规划技术、超过 500 小时的开发者职业规划咨询，以及凝结在"有问有答"栏目的近两年的思考融汇在了一起，形成了现在的答案，并以书的形式为大家呈现。

假如你：

◆ 想知道自己是否适合从事软件开发工作。
◆ 想知道如何在诸多软件开发岗位中做选择。
◆ 想知道怎样才能在技术之路上更有效地"升级打怪"。
◆ 想知道开发者的职场发展到底有哪些方向。

◆ 想知道那些可以助力开发者走得更远的职场基本功。

那么，这本书可以提供一些方法、思维和工具给你，帮助你更好地探索自己，更快地走向你想要的未来。

安晓辉

2019 年 3 月

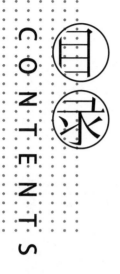

第一部分　选择

第1章

软件开发工程师一览

第2章

你适合做软件开发吗?

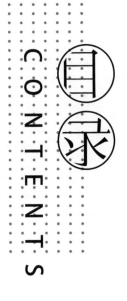

第 3 章

选择适合你的方向

第二部分　修炼

第 4 章

开发者的职场成长路径

第 5 章

技术成长指北

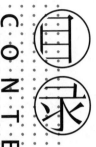

第三部分　面试

第6章

如何打好面试这场硬仗

第四部分　职场基本功

第 7 章

开发者的职场基本功

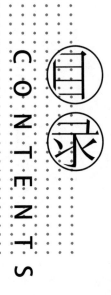

附录

第一部分　选择

第1章

软件开发工程师一览

在这一章，我会带你快速了解软件开发工程师这个职业，让你了解到：

◆ 什么是软件开发工程师。

◆ 他们的日常工作是什么样子的。

◆ 他们的收入现状。

◆ 未来的收入前景。

如果你对软件开发工程师感兴趣了，接下来就要考虑自己要成为一名软件开发工程师的理由了。

1.1 什么是软件开发工程师

拿出你的智能手机，打开微信。

微信这个应用软件就是一群软件开发工程师构建出来的。

选择一个群，并说一句话。

"群聊"这个功能就是一群软件开发工程师实现的。

我们常用的各种软件，Word、PowerPoint、QQ、微信、知乎、抖音、有道云笔记、Facebook、Salesforce……都是由软件开发工程师开发出来的。

所谓"软件开发工程师"，就是从事软件开发相关工作的，具有中级技术职称的人员的统称。他们的工作产出物，通常是解决某类现实问题的方法、给用户带来便利的软件。

1.2 程序员小雷的一天

24 岁的小雷是北京某互联网公司的安卓系统软件开发工程师。我们来旁观一下他一天的工作与生活。

06:20：闹钟响，赖床几分钟，响第二遍，起床，上厕所，洗漱，穿衣。

06:50：从遥远的北京五环路外出门，扫码骑车，去地铁站。

07:10：进地铁站。

08:40：出地铁站，扫码骑自行车，往公司走。

08:50：打卡，打开计算机。

08:55：下楼买早餐（煎饼果子＋豆浆），边走边吃。

09:15：回到公司，去茶水间或过道的饮水机那里接水，边喝水边浏览新闻，刷刷朋友圈，看看"知乎热榜"。

09:30：每日"站会"，讨论昨天的成果、遇到的问题，陈述今天的计划。

09:50：回工位，收邮件，发现产品经理小左提了3个新的需求，打开链接，登录 Redmine 查看，记下不明白之处。回到邮箱，看到测试小兰发来的6个 Bug，打开链接，登录 Redmine 查看，设置状态为进行中。

10:50：喝水，接水，找人聊两句，休息一下。

11:00：UI 小美说：APP 商品详情页面的切图好了，打开 Redmine 下载文件，查看图片资源，发现安卓版本的切图少了 hdpi 的，还有几个图标的 9-patch 图片有问题，与小美确认……

11:30：一行代码还没写！产品经理小左过来要讨论需求……可是该吃饭啦！与小左约定下午一点半讨论3个新需求。

11:40：有伙计找，一起吃饭去。食堂人山人海，排了将近20分钟队才买到饭，花了五六分钟找座位，终于能坐下吃饭了，却没什么食欲——这食堂的饭啊，真是越来越难吃了。吃完饭，结伴楼下溜达溜达，放放风。

13:00：回到工位，接水，看看新闻，刷刷朋友圈和知乎等。

13:20：打开 Android Studio，准备写代码改小兰提到的 Bug。

13:30：小左来确认需求，来回沟通，不能达成一致，叫上司过来协调确认优先级。

14:30：小左强调了 R1 需求的重要性，离开。小雷盯着计算机发呆，平息心中怒火，琢磨接下来该做什么。

14:50：决定先实现 R1 需求，把 Bug 先往后放。在 Redmine 上找到 R1 需求，查看相关文档和素材。

15:00：后台工程师老李隔着几个工位喊小雷，说订单的 RESTful 接口可以测试了，赶紧测。小雷想起早上"站会"说的，今天要做好订单接口，于是问老李用什么做的 REST 服务，老李说用的是 Jersey，数据格式用的是 JSON。小雷赶紧搜索 Jersey 的官网，研究怎么在 Android 上使用 Jersey。看了几分钟，发现 Jersey 是用在后端的，继续搜索研究……

15:50：决定采用 OkHttp 和 GSON 实现 RESTFul 访问。OkHttp 原本熟悉，GSON 第一次用，研究怎么用……

16:45：知道怎么用 GSON 解析简单的 JSON 数据类型了。喝水，上厕所，走出办公区转了一圈儿。

17:00：小兰来找小雷，问 Bug 改得怎么样了。她说明天要灰度发布一个版本，编号为 9527 的 Bug 今天必须修改完。小雷答应小兰今天晚上一定完成。小兰说快下班了，晚上再完成她就没时间测了。小雷决定先改 9527 这个 Bug。

18:00：修改完 9527 的 Bug，提交测试版本给小兰。重新思考订单接口的事情，这是早上"站会"确认要完成的，然而该吃晚饭了……先吃饭，先吃饭！叫上小齐，吃饭去。他们没去食堂，走路去小吃城。

19:00：回到工位，开始写调用后台 REST 接口的通用工具类。老李过来问什么时候可以联调 REST 接口，小雷告诉他：自己已经开始写代码了，一小时后就可以联调。老李埋怨说："已经等了一下午了，还要一小时，看来又得加班了"。请走老李，小雷继续写代码。

19:11：小左找小雷确认需求 R1 的进度。小雷心中恼怒，代码才写了两分钟就又被打断！他颇不耐烦地答应小左，明天一早给小左看效果。小左走了，小雷拍拍脑袋，做三次深呼吸，继续写 REST 工具类。

20:30：小雷与愤怒的老李调通了第一个 REST 接口。老李告诉小雷他的计算机不关，随时可以测，自己有事要先走。小雷继续测。

21:21：小雷测完订单接口，提交代码。喝水，休息十分钟。开始琢磨小左说的 R1 需求。

22:19：小雷完成了 R1 需求的 DEMO 版本，提交 DEMO 版 APK 到"蒲公英"，发链接给小左，关闭计算机。

22:30：进入地铁站，翻看微信公众号，等车。

23:40：到合租的住处，洗漱，睡觉。

现在，请闭上眼睛，想象自己化身为小雷，他现在的一天就是你将来的一天，你有什么感觉？想要这样的一天吗？想要这样的十年吗？

不着急回答，我们先来看看软件开发工程师的收入如何。

1.3 软件开发工程师的收入现状

本节的具体数据来自国家统计局官网（http://www.stats.gov.cn/tjsj/zxfb/201705/t20170527_1498372.html）。

2016 年城镇非私营单位就业人员分行业年平均工资

行　业	2015 年 / 元	2016 年 / 元	名义增长率 /%
合　计	62029	67569	8.9
农、林、牧、渔业	31947	33612	5.2
采矿业	59404	60544	1.9
制造业	55324	59470	7.5
电力、热力、燃气及水生产和供应业	78886	83863	6.3
建筑业	48886	52082	6.5
批发和零售业	60328	65061	7.8
交通运输、仓储和邮政业	68822	73650	7.0
住宿和餐饮业	40806	43382	6.3
信息传输、软件和信息技术服务业	112042	122478	9.3
金融业	114777	117418	2.3
房地产业	60244	65497	8.7
租赁和商务服务业	72489	76782	5.9
科学研究和技术服务业	89410	96638	8.1
水利、环境和公共设施管理业	43528	47750	9.7

行　业	2015 年 / 元	2016 年 / 元	名义增长率 /%
居民服务、修理和其他服务业	44802	47577	6.2
教育业	66592	74498	11.9
卫生和社会工作	71624	80026	11.7
文化、体育和娱乐业	72764	79875	9.8
公共管理、社会保障和社会组织	62323	70959	13.9

　　从这张表格中可以看出，2016 年，IT 行业（信息传输、软件和信息技术服务业等）非私营单位的就业人员年均工资为 122478 元，名义增长率为 9.3%。

　　再来看 2017 年的数据（http://www.stats.gov.cn/tjsj/zxfb/201805/t20180515_1599424.html）：

2017 年城镇非私营单位就业人员分行业年平均工资

行　业	2016 年 / 元	2017 年 / 元	名义增长率 /%
合　计	67569	74318	10.0
农、林、牧、渔业	33612	36504	8.6
采矿业	60544	69500	14.8
制造业	59470	64452	8.4
电力、热力、燃气及水生产和供应业	83863	90348	7.7
建筑业	52082	55568	6.7
批发和零售业	65061	71201	9.4
交通运输、仓储和邮政业	73650	80225	8.9
住宿和餐饮业	43382	45751	5.5
信息传输、软件和信息技术服务业	122478	133150	8.7

行　业	2016 年 / 元	2017 年 / 元	名义增长率 /%
金融业	117418	122851	4.6
房地产业	65497	69277	5.8
租赁和商务服务业	76782	81393	6.0
科学研究和技术服务业	96638	107815	11.6
水利、环境和公共设施管理业	47750	52229	9.4
居民服务、修理和其他服务业	47577	50552	6.3
教育业	74498	83412	12.0
卫生和社会工作	80026	89648	12.0
文化、体育和娱乐业	79875	87803	9.9
公共管理、社会保障和社会组织	70959	80372	13.3

2017 年，IT 行业（信息传输、软件和信息技术服务业）非私营单位的就业人员年均工资为 133150 元，名义增长率为 8.7%。

前面这两份数据说明：IT 行业从业者的年均工资收入远高于农林牧渔业、采矿业、房地产业、住宿和餐饮业、制造业、建筑业、批发和零售业、交通运输业等传统行业。

再来看 2017 年分岗位就业人员的平均工资数据。

2017 年分行业分岗位就业人员年平均工资

单位：元

行　业	全部就业人员	中层及以上管理人员	专业技术人员	办事人员和有关人员	社会生产服务和生活服务人员	生产制造及有关人员
合　计	61578	131929	83148	58211	49502	50703
采矿业	65337	129591	80472	69908	45786	59998

行　业	全部就业人员	中层及以上管理人员	专业技术人员	办事人员和有关人员	社会生产服务和生活服务人员	生产制造及有关人员
制造业	58049	123115	81043	59613	60199	49354
电力、热力、燃气及水生产和供应业	90339	163767	105577	71470	64179	81800
建筑业	52196	98039	59532	45130	44323	48429
批发和零售业	63722	131241	78836	61078	46619	47828
交通运输、仓储和邮政业	73294	142456	108493	64100	64418	65523
住宿和餐饮业	42474	84355	48300	40500	36901	38561
信息传输、软件和信息技术服务业	130366	253450	148705	92258	88674	64729
房地产业	64791	136923	79606	53549	44137	43184
租赁和商务服务业	73864	223522	114665	67812	48113	49650
科学研究和技术服务业	107909	212165	115918	72909	59392	60927
水利、环境和公共设施管理业	50092	113645	73396	45942	37187	46632

行　业	全部就业人员	中层及以上管理人员	专业技术人员	办事人员和有关人员	社会生产服务和生活服务人员	生产制造及有关人员
居民服务、修理和其他服务业	43298	92565	55069	46248	35811	42318
教育业	64693	118944	63989	57212	55857	49424
卫生和社会工作	69014	114122	69461	51003	46063	45129
文化、体育和娱乐业	84736	164261	118606	73809	43801	46465

从这份数据可以看出，软件开发工程师（专业技术人员）的收入在 IT 行业（信息传输、软件和信息技术服务业）各岗位中排第 2 位。

这些还只是统计数据，在真实的开发行业中，有不少人的收入远远高于平均值。

以北京的软件开发工程师为例，能够达到百度的 T6、阿里巴巴的 P7 或腾讯的 T3.1，就能抵达传说中"月薪 5 万"的美好生活。至于月薪 3 万的开发者，更是数不胜数。

即便是在西安这种 IT 行业欠发达的西部城市，也有超过 20% 的软件开发工程师的月薪在 2 万元以上。

无论是从统计数据来看，还是从我们身边的例子来看，软件开发工程师都是最有"钱景"的职业。

1.4 软件开发工程师未来十年还会有这么高的收入吗

上一节我们从统计数据中看到软件开发工程师目前的年均收入水平在各行业各岗位中名列前茅。很多非 IT 行业的就业人员不理解为什么开发者的工资会这么高，甚至不少开发者也怀疑自己这种高收入可以持续多久，因此这一节我们就从时代发展趋势的角度来看一看，程序员的收入在未来十年可能会有怎样的发展。

1.4.1 行业趋势

一到两年内，你的工作职位有没有晋升、薪水能不能增加，这取决于你是否努力工作。而五年、八年、十年或者更久，趋势的作用会远远大于个人的努力程度，甚至会将个人的努力淹没。

举个例子，1978—2007 年，是中国房地产改革的黄金 30 年（1978 — 1988 年为探索阶段，1988—1998 年为推广和深化阶段，1998 停止福利分房，全面开启住房商品化时代），万科、金地、SOHO 中国、保利地产都是在这个阶段顺着国家发展趋势"跑马圈地"做起来的，它们的早期员工很多都已功成名就。与此相关，很多房产中介从业者，也跟着趋势获得了丰厚的回报。而现在，如果你再进入房地产企业从头做起，很难再有大的发展——因为房地产飞跃式大发展的时期已经过去。

当你进入正确的河道，哪怕你毫不用力，湍急的水流也会推着你飞速前进。

这就是趋势的力量。

那么，现在的趋势是什么？哪些行业才是正确的河道？

先看一张来自网络的图示。

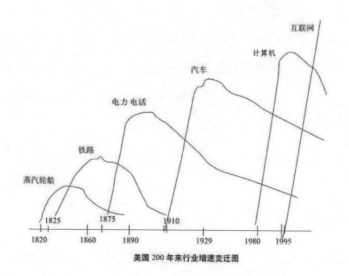

美国 200 年来行业增速变迁图

上图是美国 200 年来行业增速变迁图，描述了从 1820 年的蒸汽轮船到 1995 年的互联网在内的几大行业的变化趋势。国内的行业发展趋势与美国类似，但稍稍滞后几年。每个行业的增速均经历了增长、见顶、缓慢下降的阶段。

中国 IT 行业（信息传输、软件和信息技术服务业）的加速发展，大概从 1997 年开始，最早是 PC 互联网、产业信息化，后来是移动互联网，现在是互联网 +，再接下来是物联网、智慧城市、智慧交通、人工智能，一路蓬勃发展，虽有小波折，但大趋势从未变过，未来一面泛化、一面深化，十年八年，趋势向好！

只要这个向好的趋势不变，相关领域从业者的收入水平就不会下降。

1.4.2 国家规划

那么，未来十年以后这个趋势到底会不会变呢？我们来看一看我国的"十三五"规划（2016—2020 年）就知道了。

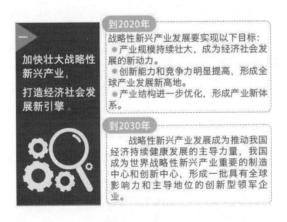

看上图，"十三五"规划对应 2016—2020 年，大方向是"加快壮大战略性新兴产业，打造经济社会发展的新引擎。"

在战略性新兴产业中，分量最重的就是信息技术产业和网络经济，见下图。

二	（一）构建网络强国基础设施。
推动信息技术产业跨越发展，拓展网络经济新空间。	（二）推进"互联网+"行动。
	（三）实施国家大数据战略。
	（四）做强信息技术核心产业。
	（五）发展人工智能。
	（六）完善网络经济管理方式。

这说明什么？信息技术和网络经济是国家战略规划的重点，国家层面将会提供各种政策、资金、资源的支持，保障它快速、广泛的发展。互联网+、大数据、人工智能将是重中之重。

这个战略规划会到什么时候？

2030年（看第12页那张图），距离现在还有12年！

也就是说，未来十年左右，信息技术和网络经济会成为国家经济发展的支柱和主导力量。

如果你还有疑虑，再看国家规划的其他新兴产业。

三	（一）打造智能制造高端品牌。
促进高端装备与新材料产业突破发展，引领中国制造新跨越。	（二）实现航空产业新突破。
	（三）做大做强卫星及应用产业。
	（四）强化轨道交通装备领先地位。
	（五）增强海洋工程装备国际竞争力。
	（六）提高新材料基础支撑能力。

虽然高端装备、新材料、航空、轨道交通不属于互联网行业，但哪一个的未来发展不是以软件为基础的？

五	（一）实现新能源汽车规模应用。
推动新能源汽车、新能源和节能环保产业快速壮大，构建可持续发展新模式。	（二）推动新能源产业发展。
	（三）大力发展高效节能产业。
	（四）加快发展先进环保产业。
	（五）深入推进资源循环利用。

新能源产业。我们来看新能源汽车，以电力汽车领先品牌的"特斯拉"为例，它就是通过"电池 + 软件"的方式重构了旧汽车。毫无疑问，这种模式在未来还会进一步发展——2017 法兰克福车展已经释放了大量信号。

大众汽车集团宣布：最晚到 2030 年，大众汽车集团的整个车型阵容将实现电动化；宝马汽车集团宣布：到 2025 年将提供 25 款电动车型，其中 12 款为纯电动车型；奔驰汽车集团表示，2022 年将推出 10 款全新纯电动汽车产品，全系车型将推出新能源驱动版本，会有超过 50 种电动车型上市。

所以，汽车向新能源全面转型，预计到 2030 年完成，这与我国的战略规划时间节点相同。这种转型一定是以"新能源 + 软件"的方式推进的。

与此相关的，"自动驾驶 + 智慧交通"依然是软件、数据、网络的综合应用。

再来看"十三五"规划提出的另一个重要方向——促进数字创意产业蓬勃发展。

这个方向现在属于中国共产党的第十九次全国代表大会所说的精神消费领域。

精神消费在未来十年内必然会越来越凸显，因为物质更加丰富，甚至过剩，消费需求必然跨过物质层面进入精神层面。而精神消费的一大趋势就是数字化、数据化、虚拟化——想想你一天有多少时间在用手机消费数字信息。

另外，如果你去观察现在中小学生的学习和娱乐方式就更确定了：授课和作业数字化；其他时间，玩手机或者 iPad 游戏！未来这一两代人是在数字化、虚拟化中长大的，将来他们的生活只会更加数字化、虚拟化，而数字化、虚拟化必然依赖软件。

1.4.3 结论

综合以上分析可以看出：一方面信息技术产业本身在未来仍会有长足发展；另一方面软件和互联网已成为各行各业快速发展的"生产力工具"。因此我们可以断定，未来十年，软件、互联网、数据、智能化等相关领域，依然是时代发展的大趋势，而支撑这些领域发展的软件开发工程师，平均收入依然会远高于其他行业。

1.5 你为什么想成为一名软件开发工程师？

现在我们要来问一个问题：你为什么想成为一名软件开发工程师？

◆ 薪水高。
◆ 未来前景好。
◆ 喜欢技术。
◆ 想用软件改变世界。
◆ 从性格上看就适合做这个工作。
◆ 学了计算机科学与技术相关专业。
◆ 朋友们都在做软件开发。
◆ 天天用软件，想自己做做看。
◆ 父母给选的。
◆ 暂时没别的工作可选。
◆ ……

请仔细想一想，你选择从事软件开发工作的原因。

这非常重要，它将决定你能在软件开发这条路上走多远。

要知道，虽然软件开发工程师平均薪水很高，但其工作强度大、加班多、变化快、竞争激烈，所用知识技能半衰期短、更迭快，必须一路奔跑持续学习……

这些问题会给开发者带来非常大的压力，不是所有人都能承受这些压力的。

如果你仅是为了生活或者没别的路可走而选择从事软件开发工作，遇到类似"根据手机壳更换软件主题颜色"这种看似不合理的需求就会难以忍受。

如果你不喜欢技术，那面对层出不穷的应用开发框架、不断变换的编程范式、不断更新的工具，肯定会很快丧失意义感，进而感到厌倦。

……

不适合你的工作，会让你备受煎熬。

我们必须长期地、努力地工作，假如你用 40 年甚至 50 年去做你并不愿做的工作，那简直就是在浪费生命。

所以最好先想清楚"我到底愿不愿意做这种工作"。

你愿意做的工作、适合你的工作能够让你实现自我，可以使你的生活变得更加充实、更加幸福。

所以，请你静下心来问问自己：我为什么要从事软件开发工作？

如果你愿意做，那我们再来看，你是不是适合做。

第2章

你适合做软件开发吗?

一个人可以做很多事情，但是一定有一些事情更喜欢做，做起来也更得心应手，当你做这些事情时，也更容易做出成绩。

这些事情所在的区域，就是你的甜蜜区——爱好、擅长、世界需要的交叉地带。

在甜蜜区做事情，人会更容易获得意义感、价值感、成就感。通过把时间和精力投入到你的甜蜜区，就可以让你真正精通某个领域，打造出自己的长板。

要给自己定位，找到自己的甜蜜区有很多方法，我们这里介绍几种常用的方法。

◆ 工作的三种维度。

◆ MBTI 性格测评。

◆ 五大职能定位。

◆ HBDI 模型。

同时我们还会介绍一些程序开发者必备的性格特征，给大家看看优秀开发者所需的能力。最终，希望大家借助这些方法，分析一下自己，看看自己是否适合做软件开发。

适合，才可能做得更好，走得更远。

2.1 工作的三种维度

根据交互对象不同，工作可分为三类。

① 数据和信息处理。
② 人际互动。
③ 事务型操作。

假如你发现自己更愿意围绕着人际交互来做事情，希望自己的工作中大部分时间都在和人打交道，那可能你更适合做管理、销售、市场、客服、咨询师等方面的工作。

假如你发现自己更愿意做事务性操作类的工作，例如修理计算机、组装计算机、搭建局域网、修理汽车等，那软件开发工作可能不太适合你，"运维"或者"网管"也许与你更匹配。

假如你觉得数据和信息很迷人，很享受与数据和信息之间这种确定性、一致性、可预期性较高的互动方式，也很享受通过组织、修改、整合、创造信息来解决问题的这种工作方式，那你现在正在做的开发工作，基本上和你的偏好是吻合的——因为开发者偏重与数据和信息打交道，以信息和数据为"输入"，也以信息和数据为"输出"。

2.2 MBTI 性格测评

性格就是人对现实稳定的态度和习惯化了的行为方式。性格对职业的选择和适应有非常大的影响，甚至它会在一定程度上决定你能做好什么工作。

MBTI全称 Myers-Briggs Type Indicator，是一种自我报告式的性格评估理论模型，用以衡量和描述正常的健康人在能量交换、获取信息、做出决策、对待生活等方面的心理活动规律和性格类型，它旨在帮助我们了解我们与生俱来的性格。

MBTI的理论基础来自著名心理学家卡尔·荣格（Carl Jung）的心理学类型理论，由美国一对母女凯瑟琳·布里格斯和伊莎贝尔·布里格斯·迈尔斯进一步发展而成。

经过 70 多年的实践和发展，MBTI 已成为世界范围通用的性格测试方法，被广泛运用于自我了解与发展、职业规划、专业选择、团队建设管理、领导培训、解决问题、人际关系辅导等领域。

MBTI 用 4 个维度测量人们的心理活动。

能量交换：偏爱把注意力集中在哪些方面	外向（E）——内向（I）
信息获取：我们获取信息、认识世界的方式	实感（S）——直觉（N）
决策方式：我们做决定的方式	思考（T）——情感（F）
生活方式：我们适应外部环境的方式	判断（J）——认知（P）

每个人都会拥有每个维度的两端，但多数时候，你的表现可能倾向于某一端，这就是偏好，即你的个性中表现出来的比较稳定的特征，潜藏在你内心的一种情感和倾向。

接下来我们简单介绍 4 个维度的含义，以便我们快速评估自己的偏好。

2.2.1 外向（E）—内向（I）

内、外向是区分个体的最基本维度，这个维度表达我们的能量交换方式，看偏好把注意力集中在哪些方面。

外向的人，倾向于将注意力和精力投注在外部世界，外在的人、外在的物、外在的环境等。

内向的人则相反，较为关注自我的内部状况，如内心情感、感觉、思想等。

外向型（E）	内向型（I）
□与他人相处会精力充沛	□独自度过时光会精力充沛
□喜欢成为注意的中心	□避免成为被注意的焦点
□喜欢外出，不怕打扰	□喜静、多思、怕被打扰
□表情丰富、外露	□谨慎、不露表情
□行动，之后思考	□思考，之后行动

外向型（E）	内向型（I）
□喜欢边想边说出声；讲，然后想	□在心中思考问题；先想然后讲
□易于"读"和了解	□更封闭，不易被他人了解
□随意地分享个人情况	□更愿意在经挑选的小群体中分享个人情况
□说的多于听的	□听的多于说的
□反应快，喜欢快节奏	□仔细考虑后，才有所反应
□重于广度而不是深度	□喜欢深度而不是广度

我们可以参照上表来粗略分析自己的偏好，外向型这一列选得多，就说明外倾明确，内向型这一列选得多，就说明内倾明确，假如两边差不多，说明你内外倾不太明确。

2.2.2 实感（S）—直觉（N）

实感与直觉是我们接收信息的不同方式。

偏好实感的人，通过5种感官获得信息，专注于现在，重视从感官中得到的具体信息。

偏好直觉的人，注重于内涵；专注于未来，对未来的构想有一个蓝图，而且是可付诸实践的。

实感型与直觉型的具体区别如下表（你也可以勾选符合你的选项，看看自己是哪种类型）。

实感型（S）	直觉型（N）
□通过五官感受世界，注重真实的存在，实际	□通过第六感洞察世界，注重应该如何，比较笼统
□相信确定和有形的东西	□相信灵感和推断
□不喜欢新想法——除非它们有实际意义	□喜欢新思想和概念
□重视现实性和常情	□重视想象力和独创力
□喜欢使用和琢磨已知的技能	□喜欢学习新技能，但掌握之后容易厌倦

实感型（S）	直觉型（N）
□留心具体的和特殊的	□留心普遍的和有象征性的，喜抽象和理论
□习惯于按照规则、手册办事	□习惯尝试，跟着感觉走
□进行细节描述	□使用隐喻和类比
□循序渐进地讲述有关情况	□跳跃性地展现事实
□着眼于现实	□以一种绕圈子的方式着眼于未来

2.2.3 思考（T）—情感（F）

思考和情感是从做决策的方式来看我们是如何做决定的。

偏好思考的人注重逻辑性，作决定时很重视逻辑思维，又能客观地分析前因后果。

偏好情感的人以人为中心，以价值为依据，作决定时很重视价值观和以人为中心的主观衡量。

两者区别如下表。

思考型（T）	情感型（F）
□先分析，然后用逻辑客观方式决策	□用个人化的、价值导向的方式决策
□重视符合逻辑、公正、公平的价值	□重视同情与和睦
□对问题进行非个人因素的分析	□考虑行为对他人的影响
□一视同仁	□重视准则的例外性
□被认为冷酷、麻木、漠不关心	□被认为感情过多、缺少逻辑性、软弱
□清晰、正义，不喜欢调和主义	□和谐、宽容，喜欢调解
□只有情感符合逻辑时，才认为它可取	□无论是否有意义，认为任何感情都可取
□因渴望成就而受激励	□为了获得欣赏而受激励
□很自然地看到缺点，倾向于批评	□很自然地看到优点，倾向于赞美
□工作中很少表现出情感，也不喜欢他人感情用事	□喜欢工作场景中的情感，从赞美中得到享受，也希望得到他人的赞美

2.2.4 判断（J）—认知（P）

这个维度要从喜好的生活方式来看，区分我们是如何适应外部环境的。

偏好判断的人，喜欢井然有序，愿意组织、规划和管理生活，喜欢做决定。喜欢生活中有计划、有条理，一切事情都要早作安排。

偏好认知的人，希望多了解世界，灵活。喜欢生活中有灵活性和即兴性，喜欢有更多的选择。

判断和认知的区别如下表。

判断型（J）	认知型（P）
□作了决定后最高兴	□当各种选择都存在时，感到高兴
□有"工作原则"：工作第一，玩其次（如果有时间）	□"玩的原则"：现在享受，然后再完成工作（如果有时间）
□建立目标，准时完成	□随着新信息的获取，不断改变目标
□愿意知道它们将面对的情况	□喜欢适应新情况
□结构化和组织化	□弹性化和自发化
□着重结果（重点在于完成任务）	□着重过程（重点在于如何完成任务）
□满足感来源于完成计划	□满足感来源于计划的开始
□喜欢决断，事情都有正误之分	□好奇心强，喜欢收集新信息
□喜欢命令和控制，反应迅速，喜欢完成任务	□喜欢观望，开始许多新的项目，但不完成
□把时间看作有限的资源，认真对待最后期限	□认为时间是可更新的资源，而最后期限也是有收缩性的

识别了自己在 4 个维度上的偏好，取首字母就可以得到一个性格类型，例如我的性格类型是 INFP。

偏好和不同维度的组合形成了 16 种不同的性格类型。

MBTI 性格类型表			
ISTJ	ISFJ	INFJ	INTJ
ISTP	ISFP	INFP	INTP
ESTP	ESFP	ENFP	ENTP
ESTJ	ESFJ	ENFJ	ENTJ

每种性格类型都有典型的职业与其对应。当你从事与你的性格类型匹配的职业时，可能会更自然、更有干劲、效率更高。

下图展示了各类型的最典型职业类别。

MBTI 性格与职业对照表			
ISTJ 稽查员、检查者	ISFJ 保护者	INFJ 咨询师	INTJ 智多星、科学家
ISTP 操作者、演奏者	ISFP 作曲家、艺术家	INFP 治疗师、导师	INTP 建筑师、设计师
ESTP 发起者、创设者	ESFP 表演者、演示者	ENFP 倡导者、激发者	ENTP 企业家、发明家
ESTJ 督导	ESFJ 销售员、供给者	ENFJ 教师	ENTJ 统帅、调度者

从性格适应性上来讲，性格类型的中间两个字母是 NT 和 ST 的人与软件开发工作更为匹配，例如 INTJ、INTP、ENTP、ENTJ、ISTJ、ISTP、ESTP、ESTJ。

从我身边的开发者群体来看，INTJ、ISTJ、INTP、ISTP 这几种类型的人偏多，即内倾者偏多。

性格类型测试可以作为一种参考，但并不是绝对的。实际上，一个人经过训练后，可以做各种职业。只是不适合你性格特征的职业，你的表现可能在很努力的情况下也只能达到 80 分，而适合你性格特征的职业，经过努力你的表现往往可以达到 90 分甚至更高。

2.3 五大职能定位

常见的五大职能定位如下。

① 专业技术者。
② 自由职业者。
③ 管理者。
④ 创业者。
⑤ 投资者。

2.3.1 专业技术者

专业技术者通过将自己嵌入组织中，运用自己的专业技能解决问题，其价值通过组织的产品或服务体现。他们需要接受组织的规章制度约束，但是能够获得稳定的工作环境和保障。

专业技术者喜欢亲自执行、亲力亲为地解决具体问题，这样他们会感到自己有价值、有存在感，进而会有成就感。

专业技术者通常会成为一家公司的雇员，每个月的固定时间拿薪水会让他们有安全感、稳定感，觉得生活有保障，薪水之外的福利，诸如月饼、超市购物卡、粽子、米面油、年会抽奖、项目奖金、年终奖等会让他们津津乐道。

不确定性会让他们感到不快乐或者恐惧，稳定性、确定性和一致性才能让他们安心。

大部分的开发者都是这类专业技术者，希望在某个组织内工作，拥有好的薪酬、福利，获得好的职业发展。

2.3.2 自由职业者

自由职业者喜欢为自己做事情，希望自我支配，不想受组织约束，渴望自由和独立性。

他们喜欢付出努力就有回报，崇尚多劳多得。另一方面，他们不喜欢由别人来决定他们能挣多少钱，更不喜欢由不如自己有能力又不如自己努力的人来支配他们。

所以自由职业者会脱离组织，自己当自己的老板。他们直接面对客户，向客户提供自己的产品和服务，自己决定以什么方式赚钱、赚多少钱，自己决定何时工作、何时休息。

但是自由职业者的收入是否稳定，依赖于自己对客户的开发与维系，很可能充满波动性，这个月分文皆无，下个月盆满钵满，这是常有的事。

自由职业者需要极强的自我管理能力。

自由职业者最大的优点是能够自我支配，工作时间和工作形式都相对自由，能够尽可能多地做自己想做的事，能够尽可能多地按自己想要的方式做事。但反过来看，为了能够赚到足够的钱，他们也需要看客户的脸色来行事，并不享有绝对的自由。

自由职业者首先是专业技术者，对自己在专业方向上的能力、成就和声誉非常在意，他像专业技术者一样，享受亲自执行、亲力亲为解决具体问题所带来的成就感和价值感。

我个人曾经做过十几年开发工作，现在是自由职业者。在我辞职成为自由职业者后，有时一个月的收入抵得上上班时两三个月的工资，有时一个月都没什么进项，入不敷出，每次看着"挖财"上"日常账本"中的赤字，都会深深地怀疑自己的能力。收入多时，我会觉得自己很厉害，收入少时，我会怀疑自己最终会做不下去。这种种的不稳定和波动，常常会让我心情起伏，焦虑不安。但我还是一路走到了现在，因为我更看重自由和独立性，希望可以做自己喜欢的事以及用自己的方式做事，愿意为了这些而承担一些代价，我想这也是很多人选择自由职业的理由。

2.3.3 管理者

与专业技术者相同，管理者也是组织的雇员。不同的是，专业技术者在执行层面做事，需要亲力亲为，专注在如何做好执行层面的任务。而管理者通过他人完成工作，把组织目标拆解成执行层面的任务，委派给专业技术者等执行人员，通过组织、管理、计划、激励、反馈等管理策略，领导他人完成任务，实现组织目标。

管理者着眼于通过领导、组织、协调、管理等手段来驱动他人达成目标，他们更看重的是如何通过他人完成工作，而不是自己亲自做执行层面的事。

开发团队中的管理者，尤其是一线的技术经理、研发经理，往往拥有多种身份，既要懂技术，又要会管理，与宽泛意义上的管理者略有不同。

我在 2009 年开始做技术管理，后来做研发部门经理，直到 2014年。在我做管理的时候，一方面要做项目管理、人员管理，另一方面还会花至少 1/3 的时间来做技术。我会给自己安排一些不在关键路径上的开发任务，我会做一些新技术探索，会做一些架构设计的事情，这样我可以保持对技术的敏感，始终了解一线开发者的工作和想法，更好地完成管理工作。

2.3.4 创业者

创业者特别想拥有自己的产品或服务，特别想建立自己的企业，特别想通过自己的产品、服务、企业实现自己的价值，建立自己的影响力，并获得成就。

创业者必须具备远见、勇气和韧性，在成为企业家的路上，他们还需要不断锤炼自己的领导艺术和商业技能。

2.3.5 投资者

投资者通过投资别人的企业来获取收益。他们相信资本的力量，让钱为他们工作。

很多创业者成功后会转身成为投资者，兼具企业家和投资者的双重身份。例如 360 的周鸿祎、新东方的俞敏洪、当当网的李国庆。

对于准备踏入软件开发领域的小伙伴来讲，通常只需要考虑专业技术者和管理者这两种职位。请仔细研读这两种职位的描述，看看自己更倾向于哪一种，然后再回顾自己过去的工作经历，找到让你有成就感的事情，看你的成就感来源于什么，是亲自做事还是领导他人做事，这样就可以大致判断出来你是倾向于做执行层面的事情，还是倾向于做管理工作。

需要特别注意的是，就软件开发领域来讲，很少有一进来就成为管理者的，大部分的技术管理人员都是先做了一段时间技术工作之后，再转型成为管理者的。要从开发者转型到技术管理者，有技而优则仕、打杂、降维、考取PMP证书等几种方法，具体可以参考我的另一本书《程序员的成长课》。

可能有的小伙伴会觉得，既然一开始都必须从技术、从执行做起，分辨职能取向就没什么意义了。然而，实际并非如此。职能取向能让你明确自己更适合做什么，会给你带来目标和指引。即便你当下必须做技术执行工作，提前了解到自己更想做技术管理，也可以让你在工作中有意识地为转向管理角色做准备，例如学习沟通、规划、演讲、反馈、计划、管理等技能。

2.4 HBDI 模型

HBDI 模型的全称是 Herrmann Brain Dominance Instrument —— 全脑优势思维模型，由美国的奈德·赫曼博士于 1976 年创立。

同时兼具物理学博士及职业艺术家双重身份的赫曼博士，源于自己在不同领域有着杰出表现的经历，一直很想知道创造力的本质和源头。20 世纪 70 年代，赫曼博士在通用电气管理发展学院担任管理教育经理时，开展了一系列的实验和应用研究。几经探索，他终于发现了大脑是创造力的源头，也是学习的中枢器官。 由此，他创造了"全脑优势"的概念和 HBDI 这个独特的应用工具。

依据 HBDI 的理论，每个人的大脑均包含了 A、B、C、D 四个象限，每个象限代表不同的思维方式，而每个人在各象限的得分各不相同，得分越高，其思维偏好在该部分就越明显，表现于外是为人处事的习惯、风格、反应顺序不同。具备某种思维偏好的人，做与其偏好契合度高的事情时，会感到自然、轻松，也更容易投入，成长更快。

下图是全脑优势思维模型的简化概括。

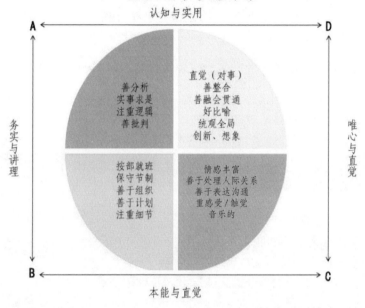

HBDI全脑思维形态体系

A 象限的思维方式倾向于"理性"。处于这个象限的人通常喜欢在收集事实资料后再作出决定，喜欢通过理性的逻辑思考引导他人。他们通常都善于理财，还能够很好地解决技术问题。理性型自我常会被缺乏逻辑性的意见、过分强调个人感受及含糊不清的指令搞得很沮丧。

软件开发工程师就是适合这一象限的典型职业。

B 象限的思维方式倾向于"稳妥"。他们愿意按部就班、脚踏实地地生活，关注实实在在的人和事。根据实用、程序化的原则作出决定。工作中，像这样的"稳妥型自我"通常扮演的都是管理、组织或行政等角色。即使是娱乐，他们也喜欢选择那些要求事先计划的活动，如露营、钓鱼、旅游等。对日程不明确、突如其来的人或事，以及无截止期之类的情况很无奈。

项目经理、技术经理、研发经理等技术管理者是适合这一象限的典型职业。

C 象限的偏好是"感觉和情感"。处于这个象限的人通常都善于表达、敏感，而且能够领会他人的需要。工作上，像这样的人大都是老师或者培训师，再就是销售、作家、音乐家、艺术家、社会工作者或其他可以帮助他人的职业。娱乐时，这种"情绪型"的人喜欢阅读、散步或者边听音乐边放松。缺乏人际沟通、毫无感情色彩的评论或者不愿意眼神交流的人常常会使以感觉为主导的人感到受挫折。

适合这个象限的职业有人力资源师、培训师、心理咨询师等。

D 象限的偏好则代表"直觉和创新"。这种偏好的人通常都是风险的承担者。期望打破常规，喜欢进行设想，能真正享受惊奇。作为探索者能享受成为企业家、艺术家、咨询师或者战略家而带来的自由感。由于他们的职业往往是激情所在，所以很难区分他们的工作与兴趣爱好。

与开发者经常打交道的产品经理、设计师等都是与这一象限比较匹配的职业。

除了前面介绍的四种象限类型，还有第五种类型——均衡型。这种类型兼具 A、B、C、D 象限的特点，既注重逻辑、分析与理性，以事实、统计、数据为基础，又能从纵观整体的方式解决问题。

HBDI 全脑优势完整版测试有 292 道题，下面提供一个来自 APESK（才储团队，http://www.apesk.com/hbdi/）的简明测试，8 道题（单选），可供参考。

1. 在帮助人的问题上我倾向于：
- ◆ 多一事不如少一事，但若他来找我，那我会安排好我的事情后帮他。
- ◆ 帮助人可以体现我的价值和能力，我会欣然前往。
- ◆ 无关者何必要帮，但我若承诺，必定帮到底。
- ◆ 虽无英雄打虎之胆，却有自告奋勇之心，被需要的感觉是很好的。

2. 面对他人的赞美，我的第一反应是：
- ◆ 没有也无所谓，特别欣喜也不至于。
- ◆ 我不需要那些无关痛痒的赞美，宁可他们欣赏我的能力。
- ◆ 有点怀疑对方是否真心赞美。
- ◆ 赞美总是一件令人心情非常愉悦的事。

3. 面对生活现状，我的行为习惯更倾向于：

◆ 外面怎么变化与我无关，我觉得自己这样还不错。

◆ 如果我没什么进步，别人就会进步，所以我需要不停地前进。

◆ 经常考虑利害得失，想办法提高生活质量。

◆ 每天的生活开心、快乐最重要。

4. 对于规则我内心的态度是：

◆ 严格遵守规则是我一贯的作风。

◆ 喜欢打破规则，希望由自己来制定规则，而不是遵守规则。

◆ 严格遵守规则，并且竭尽全力做到规则内的最好。

◆ 不喜欢被规则束缚，不按规则出牌才新鲜有趣。

5. 我认为自己在行为上的特点是：

◆ 慢条斯理，办事按部就班。

◆ 集中精力为实现目标而努力，善于抓住核心要点。

◆ 慎重、小心，为做好预防及善后，会不惜一切而尽心操劳。

◆ 丰富跃动，不喜欢约束，倾向于快速反应。

6. 在面对压力时我比较倾向于选择：

◆ 眼不见为净地分解压力。

◆ 压力越大抵抗力越大。

◆ 跟别人讲也不一定有用，思考化解压力的可行解决办法。

◆ 本能地回避压力，回避不掉就用各种方法来宣泄出去。

7. 当结束一段刻骨铭心的感情时我会：

◆ 非常难受，可是日子总是要过的，时间会冲淡一切。

◆ 深陷在悲伤中，在相当长的时间里难以自拔，也不愿再接受新的感情。

◆ 虽然觉得受伤，但一旦下定决心，就会努力把过去的影子挥去。

◆ 痛不欲生，需要找朋友倾诉发泄，寻求化解之道。

8. 面对他人的倾诉，我大多倾向于：

◆ 倾听，不太发表意见。

◆ 做出一些直觉上的推断。

◆ 给予一些分析或推理。

◆ 认同并理解对方的感受。

APESK 测试之后会提供一份报告，你能看到自己在 A、B、C、D 四个象限的得分，了解到自己的思维特征和倾向。

测试报告中有一个指针图，可以直观地呈现测试结果。我测试之后，指针图如下图所示。

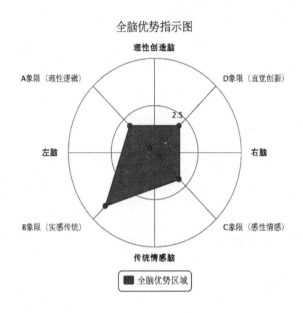

全脑优势指示图

这张图说明，我是实感传统类型的人（B 象限），适合做管理工作。这个测试结果与我从 2009 年以来一直做技术管理工作的事实比较吻合。

APESK 的测试题目较为抽象，壹心理网站的 HBDI 测试（http://www.xinli001.com/ceshi/833/start）则更生活化，也是 8 道单选题，你也可以用这个测试。

1. 你喜欢的家具类型：

◆ 有质感，有特色。

◆ 具收纳性，善于利用空间的设计。

◆ 温馨舒适，暖色调，有感觉。

◆ 新潮，多样，新奇，后现代主义，艺术造型。

2. 你看的书籍是：

◆ 专业书籍、名人传记。

- ◆ 管理类书籍、百科全书。
- ◆ 励志、言情小说。
- ◆ 科幻小说，五花八门，各类型皆有。

3. 你常听的音乐：

- ◆ 交响乐、古典音乐。
- ◆ 老歌、精选集。
- ◆ 抒情歌、热门音乐。
- ◆ 流行乐、爵士乐、电子乐。

4. 你的文件摆放：

- ◆ 简单明了，统计资料、报表多。
- ◆ 整齐、干净，分门别类，井井有条。
- ◆ 尚可，干净但不整齐，乱中有序。
- ◆ 乱，杂乱不整齐，非常具有自我风格。

5. 你最常光顾的餐厅：

- ◆ 健康、营养，贵一点也可。
- ◆ 能省则省，便宜，不排斥路边摊。
- ◆ 气氛好、餐厅美，主题餐厅，与朋友一起比较随性。
- ◆ 想吃就吃，什么都吃，偏爱新奇特色的餐厅。

6. 你说话的方式：

- ◆ 锐利简洁，口头禅"我认为"，善用数字进行佐证。
- ◆ 有条理，口头禅"你应该"，善用计划和步骤。
- ◆ 感性亲切，口头禅"我希望"，善用柔性的形容词。
- ◆ 喜欢流行语，词不达意，跳跃性思维。

7. 旅游目的地：

- ◆ 香港、纽约。
- ◆ 西安、雅典。
- ◆ 桂林、巴黎。
- ◆ 西藏、里约热内卢。

8. 你喜欢的电影：

◆ 纪实片。

◆ 历史片。

◆ 爱情片。

◆ 科幻片。

我使用"壹心理"的测试结果是"稳妥我"，即位于 B 象限，与 APESK 的测试结果一致。这样的结果说明我现在的思维和行为特征适合做管理工作。

注意，我们采用 HBDI 所做的测试，指向我们当下的实际表现。例如我从 2009 年以来一直在做技术管理工作，那我的行为特征和习惯就会被工作角色所塑造，我测试出来的结果自然就是 B。而如果我在 2008 年测试，我想得分最高的应该是 A，因为那时我的工作集中在软件开发上，做理性判断的事情多一些。

如果你做完 HBDI 测试，发现 A 象限得分最高，那就说明，软件开发工作和你当下的状态匹配度较高。

2.5 程序开发者必备的性格特征

杰拉尔德·温伯格（Gerald M. Weinberg）是我特别喜欢的软件专业作家和思想家，他的技术思想三部曲——《程序开发心理学》《成为技术领导者》《颠覆完美软件》，值得每一位想从事软件开发工作的朋友反复阅读。

在《程序开发心理学》一书中，温伯格在第 8 章讨论了程序开发中的性格因素，指出了几种对成为一名专业程序员比较关键的性格特征，我在这里解读一下，想做程序员的朋友们可以看看自己是否具备。

第 1 个特征：能够承担压力。就当今的程序开发工作来讲，环境比较严酷，很多互联网公司默认"996"，非但加班成为常事，各种突发问题、特殊日子（例如双 11、618、春运等）也会给程序员带来巨大的压力和考验。在这样一种环境下，程序员必须得能够承担压力，否则就难以胜任工作。所以，如果一个程序员缺乏在高压力的环境中坚持一个多星期的能力，也许我们就可以肯定地说，他不是一块做程序员的材料。

第 2 个特征：适应快速变化。在 20 世纪，一款软件可能一两年才更新一次，现在，随着生活节奏加快、用户需求细分、市场多样化、竞争白热化以及用户容忍度趋近于零，软件的变化也越来越快。很可能你做了一个月的版本，明天突然就被告知不需要了。很可能昨天会议上确认的功能，今天下午突然变成了另外的样子……总之，一切都在快速变化，导致程序员正在做的工作经常要跟着调整，甚至已经付出莫大心力即将成型的代码也会瞬间变成垃圾。在这样的环境下，一个人必须要能够适应这些变化，还要快速地适应变化，否则，他就难以胜任程序员的工作（还记得我们前面提到的 MBTI 测试吗？最后一个维度偏好认知的人更为灵活，更容易适应变化。我的结果是 INFP，最后一个维度是"认知"，所以我在做程序员时，很自然地就愿意积极拥抱变化）。

第 3 个特征：整洁。温伯格说，这是程序开发工作中需要的一个最容易确定的性格特点。这里的整洁，并非是指个人边幅的修剪（当然这也是需要的，头皮屑满天飞、身有异味会影响你与他人的协作），而是指一种尽量把自己手头的资料规整好的习惯。整洁的外在表现，有两部分，一是办公桌面、实体文件、图书、工具等的整洁；二是计算机、代码、文件、资料等的整洁。

第 4 个特征：谦逊。一个人不懂得谦逊，往往稍有成绩就会沾沾自喜、狂妄自大。例如一个缺乏谦逊品质的程序员，往往在掌握了一种基础的语言、学会了开发工具的简单用法、完成了一两个简单的开发任务后，就会觉得自己什么都懂了，什么都难不住自己，把谁都不放在眼里。但实际上，计算机的世界博大精深，我们所学会的那一点雕虫小技，不过是无边黑夜中的萤火之光而已。如果我们不懂得谦逊，就会自我满足，失去进一步成长的契机，同时也会影响我们与团队成员的互动，影响后续的工作。能够谦逊地看待自己能力的程序员，在遇到软件问题时，更容易从自身出发，探索各种可能性，更快、更好地解决问题。

第 5 个特征：幽默感。程序开发的过程是比较乏味的，具备幽默和自嘲的能力才能一路走下去。看看网络上各种黑程序员的笑话，你就知道程序员有多幽默了。例如"杀死一个程序员不用枪，只要改三次需求就可以了"，"程序员最讨厌的四件事：写注释、写文档、别人不写注释、别人不写文档……"。

除了温伯格所说的这些性格特征，根据我的观察，还有几个特征对开发者来讲也很重要。

第 6 个特征：自觉主动。程序开发的世界里，知识、技能多如牛毛，程序开发过程中各种问题层出不穷，唯有自觉主动地学习、实践，才能不断提升自己的知识、眼界和能力，才能跟得上技术的更迭和需求的变化。如果一个人习惯于被动工作，遇事总等着别人指点，遇到问题总等着别人帮助，那他很难成为一位优秀的程序员。

第 7 个特征：细致。程序开发是非常严谨的工作，如果不细致就会经常犯"把'=='写成'='""缺少一个分号""把'&&'写成'&'""if 语句忘写花括号"之类的小错误，而这些小错误，往往不会影响程序的编译，其后果会在运行时通过稀奇古怪的现象表现出来，让人莫名其妙，查几小时查不出来，查出来时则捶胸顿足想扇自己两巴掌。

第 8 个特征：勤奋。非此不足以优秀。

第 9 个特征：执着。一个人的程序开发与设计水准，在经历最初两三年的快速提升后，往往会达到一个"怎么做好像都无法精进"的阶段，此时唯有执着才能帮助我们度过瓶颈期，再上一层楼。在程序开发过程中，我们在生产代码，也在生产 Bug，而且，很多 Bug 往往非常"诡异"，难以排查，只有具备执着的精神，才能一次一次地从"无效修复"中爬起来，继续"死磕"。

2.6 优秀开发者的必备能力

要想成为一名优秀的开发者，必须具备一些底层的必备能力，有了这些必备能力，你才能更好地学会开发软件所需要的专业技能，才能更好地使用专业技能解决具体问题。

第 1 个能力：积极主动。这也是《高效能人士的 7 个习惯》一书中所提到的第 1 个习惯。

积极主动是我们在任何环境中都应该具备的、首要的，也是最基本的能力。

搞错了按钮大小，埋怨 UI 给的效果图有问题；后台登录服务失去响应，埋怨服务器内存太小；程序设计水平停滞不前，埋怨公司没有安排培训，也没有安排导师带自己；超过交付日期还没完成工作，埋怨同事的前置任务耽误了自己的进度……所有这些，都是消极被动的应对方法。

积极主动的人明白，无论环境如何、无论他人怎样、无论什么遭遇降临到自己身上，自己都有选择的自由，是自己的选择导致了当下的结果。而我们的现在，一定是由我们过去的选择所导致的。如果我们能意识到这一点，主动为自己的人生负责，就能够在外界刺激和自己的回应之间找到一个空隙，基于我们自己的价值观，通过自我意识、想象力、独立意志和良知，找到有意义的选择，采取恰当的行动。

例如，积极主动的程序员，发现自己的程序设计水平停滞不前时，会主动分析瓶颈在哪里，会主动咨询能力更强的前辈以寻找策略，会主动向专业人士寻求帮助，他们绝不会长时间停在那里，被动地等待公司来为自己安排成长计划。

第 2 个能力：自主学习。

自主学习是每个程序员的必备能力。不会自主学习就无法拓展自己的知识边界，就无法提升自己的技术水平，就不能主动进步，成长速度就会慢下来。

很多公司不喜欢从培训班出来的程序员，其实就是担心这些程序员缺乏自主学习能力，工作后比较容易陷入"等、靠、要"的状态，不能很好地发挥应有的作用。

自主学习可以从自主意识、学习模式和发现学习内容三个方面来培养。

当你对自己的未来有明确的设想，知道自己想要过什么样的生活，有非常强烈的意愿要成为你设想的样子，就能萌发自主学习、主动成长的意识。

学习模式指的是适用你个人的一套学习实践方法。例如我个人学习编程语言的模式为："看书→练习→做实验→写文章输出→做综合性项目→回顾……"。学习模式可以通过回顾自己以往的学习经历慢慢找到。

发现学习内容，则可以从以下几方面着手。

- ◆ 工作需要的知识、技能。
- ◆ 与工作必需的知识、技能相关联的知识、技能。

- ◆ 工作流程、方法。
- ◆ 与工作流量、方法相关联的知识、技能。
- ◆ 与自己未来职业目标相关的知识、技能。
- ◆ 与你希望做到出类拔萃的那一种技能相关联的各个层次的知识、技能。

第 3 个能力：逻辑思考力。

所谓逻辑思考力就是建立逻辑思维来对问题进行分析的能力。这是西村克己的《逻辑思考力》一书中对逻辑思考力的简明定义。

《逻辑思考力》一书是提升逻辑思维能力的入门图书，侧重于使用已有逻辑框架来思考问题。

想了解逻辑思维基础知识的人，可以阅读《简单的逻辑学》和《逻辑思维简易入门》这两本书。

想进阶的朋友可以阅读《金字塔原理》《学会提问》《批判性思维》《批判性思维工具》和《思考的艺术》这几本书。

逻辑思考力，重点是"逻辑"。

例如我们通常讲的总分（包含）关系、对比关系、主次关系、因果关系、时序关系、等级关系、并列关系、递进关系、循环关系等，都是逻辑关系。

当我们按照某种逻辑关系来思考时，就比较容易把问题想清楚、讲明白。

想要提升逻辑思考力，最简单的办法就是找一些逻辑框架，遵照框架反复训练。《逻辑思考力》一书给出了培养逻辑思考力的 7 大基本方法。

① 使解决问题的过程透明化。
② 三角逻辑（结论、论据、数据）。
③ 归纳法。
④ 演绎法。
⑤ MECE。
⑥ 逻辑树。

⑦ 5W2H

还有很多框架，例如来自《金字塔原理》一书的结构化表达工具SCQA、空雨伞方法、矩阵分析法（典型的有SWOT）、人机料法环等。

第4个能力：想象力。

很多人觉得从事小说、电影、绘画等与艺术相关的工作才需要想象力，实则不然，程序开发工作也需要想象力，只不过，此想象力非彼想象力。

想象力根据功能可以分为两种：综合型想象力和创造型想象力。

综合型想象力：通过这种能力，人可以把旧有的观念、构想或计划重新组合，推陈出新。这项能力没有任何创造，它只是将经验、教育和观察作为材料进行加工。我们日常生活中所解决的问题大多依赖这种想象力。

一个程序员拿到一个任务，想不出该怎么做，找不到解决方法，就是缺乏综合型想象力的结果。

优秀的程序员通常具有强大的综合想象力，能够根据需求组合已有的知识、素材、设计模式、程序结构、架构模式，建构出满足业务场景的软件系统。我们日常评估工作量、制作开发计划也都需要综合型想象力。

程序员的综合型想象力可以通过阅读程序、源代码、设计类著作，参考其他领域的设计，然后经由反复实践来训练。

创造型想象力：通常是指创作、发明的能力。所有的基本构想或新构想，基本都是通过这种能力产生的。例如梵·高的《星空》，爱因斯坦的《相对论》。商业、工业界和金融界的领导人物、艺术家、诗人和作家，通常具有此种能力。

第5个能力：分析问题。

先分别说什么是问题，什么是分析。

阻碍目标达成的关键点，就是问题。

例如一个电商系统，用户必须登录之后才能购买，而用户一登录，页面就提示用户名和密码错误，导致无法继续购买，这就是问题。

寻找问题的过程，就是分析。

分析问题时有很多常见的方法可以使用，例如排除法、类比法、极端法、试错法、鱼骨图分析法、SWOT 分析法、5W2H 分析法、六顶思考帽等，多掌握几套方法，根据不同场景（组合）使用不同方法来寻找问题，会大幅提升分析的速度和效率。

还以刚才的用户名和密码错误为例，可以应用排除法，根据认证服务的特点，可以分为终端（网页）、传输、云端三个部分。

从逻辑上讲，错误指令是由云端服务传递给终端网页的，传输部分只是传递数据不作判断，可以首先排除，那剩下的只有终端和云端。

错误一定是由云端比对来自终端的数据（不一定是用户名和密码，可能是经由某种加密运算得出的哈希值）和云端存储的数据后作出的判断，那就存在终端计算错误和云端计算错误两种可能。

终端更易排查，我们可以从终端开始，错误又可分为输入错误和加密运算错误。输入错误更易排查，先检验。如果输入正确，可以看看公钥、私钥是否正确，如果都没有问题，可以再看加密算法，加密算法也没问题，则可以认为是云端服务的问题。

云端服务又可以分几部分排查，例如存储错误、密钥错误、算法错误等。

分析问题的能力是在熟练了解业务和分析方法的基础上，在实践中不断应用、慢慢积攒经验、长时间沉淀培养起来的。

第 6 个能力：沟通。

我们总在谈"沟通"，但具体什么是沟通，可能大家想法都不太一样，因此这里先给沟通下一个定义。

所谓"沟通"，是为了设定的目标，把信息、思想、情感等传递给对方，并希望得到对方相应的反应，并达成共同协议的过程。

从这个定义来看，漫无目的地闲聊并不是沟通；自上而下的命令也不是沟通；单方面的告知不是沟通；没有结果的对话不是沟通；旁敲侧击风格的领导谈话还不是沟通……

因为它们都不满足沟通的三个关键点：目标、方式、共同协议。

想要提升沟通效果，最重要的是先要设定一个沟通目标。例如我这次找上司沟通，目的是加薪；例如我找老板沟通，是为了给团队申请1万元的项目经费；例如我找张三沟通，目的是消除绩效评估引起的误会，恢复我们之间的协作关系……只有设定了明确的目标，沟通才可能有效果。沟通目标非常重要，在沟通过程中一定要牢记自己的目标，不要跑偏。

有了目标，接下来就是考虑用什么方式、方法来把我们的想法、诉求、目标等呈现、传递给对方，并与对方达成一致。这个过程就用到我们常说的各式各样的沟通技巧了。例如结论先行、"问答赞"方法、"三明治"沟通法、"关键对话"方法、"非暴力沟通"、SCQA方法、"空雨伞"方法……

市场上讲沟通技巧的书千千万，感兴趣的话可以买几本来看看。这里推荐几本我觉得不错的供大家参考。

◆ 《沟通的艺术：看入人里，看出人外》。
◆ 《关键对话》。
◆ 《非暴力沟通》。
◆ 《沟通圣经：听说读写全方位沟通技巧》。
◆ 《所谓情商高就是会说话》（佐佐木圭一著）。
◆ 《蔡康永的说话之道》。
◆ 《影响力》。

要提醒的是，沟通这种事情最重要的是演练，所以请撷取书中方法，带到现实情境中反复演练，不断回顾，这样才能真正将某种技巧化为自己能力的一部分，灵活地运用于各种沟通情境中，达成目标。

第7个能力：目标管理。

目标管理是一项综合能力，包括综合分析、设置目标、自我评价、制订计划、跟踪执行、检查总结等。

只有在积极主动的前提下，一个人才可能建立起真正属于自己的目标。否则他就总会觉得，手头的工作是领导安排的，是公司强制的，自己不得不做。

而一旦一个人建立不起来目标感，就不能很好地前进，就很难有效行动，就很难产出有价值的东西。

这里推荐三本书，《OKR 工作法》《只管去做：让你迅速实现增值的目标管理法》和《目标管理实务手册》。

第 8 个能力：信息检索。

我们在程序开发中遇到的问题，绝大多数都已经有了解决方案。所以，很多时候只要你能够检索到这个解决方法，就可以很快解决你遇到的问题。

有的人能很快找到答案，有的人则可能花上一两天也搜索不到一点有效信息，这是信息检索能力不同导致的差异。

信息检索能力强的人，能够：

◆ 准确描述自己的问题，提取问题关键词。
◆ 组合使用合适的工具来寻找答案，例如官方 WIKI、论坛、文档、手册、邮件组、Google、Stack Overflow、CodeGuru、CodeProject、源码等。
◆ 有效提问。

网络上有一篇名为"提问的智慧"的文章非常值得一看，英文原文链接 http://www.catb.org/~esr/faqs/smart-questions.html。中文版本可以使用搜索引擎搜索"提问的智慧"或"提问的技巧"，也可以关注订阅号"程序视界"，回复"提问的智慧"，获得链接。

第 9 个能力：任务分解。

至少应该熟练掌握"自顶向下、逐步求精"的方法。

自顶向下这个方法的核心思想是将一个复杂的大任务，按照某种规则，分解为一组相对简单的小任务。小任务应当没有遗漏，组合起来可以还原成大任务。大任务分解出的小任务，如果依然比较复杂，可以继续分解，直到得出的任务可以直接付诸行动。

还有一些方法，例如 WBS（Work Breakdown Structure，工作分解结构，项目管理中的方法）和 MECE（Mutually Exclusive, Collectively Exhaustive，相互独立、完全穷尽，《金字塔原理》一书中提出的方法），提供了非常好的框架帮助我们进行工作任务分解，掌握它们可以让我们变得更专业。

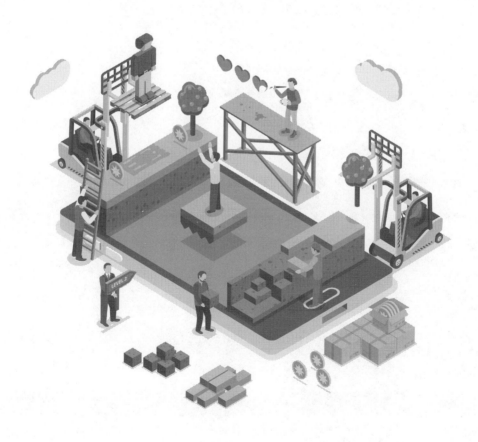

第3章

选择适合你的方向

现在软件成了各行各业的有机组成部分，几乎每一个领域都需要软件开发工程师来实现专用的软件，提升生产效率。所以，软件开发工作散布各处，软件开发工程师面临无数的机会，你可以去做 K12 领域的软件，可以去做医疗系统软件，可以去做游戏，可以去做证券软件，可以去做室内设计软件，可以去做电商平台，可以去做 3D 摄像头驱动……如此之多的选择反倒让很多人产生了选择困难，不知道哪个方向才是适合自己的。所以，我们专门来聊聊，到底该如何选择适合自己的方向。

首先我们会介绍职业定位的通用逻辑，然后会介绍个人倾向与通用逻辑的关系，接下来介绍几种开发者的常见分类方式，最后会给出一个针对开发者的完整的工作机会选择模型。

3.1 通用逻辑：选择大于努力

我们来看两个人的工作履历。

首先是美丽联合集团技术副总裁曾宪杰的：

◆ 2002 年毕业于浙江大学计算机系，进入上海时佑信息系统有限公司，做系统集成工作。

◆ 2003 年 9 月 1 日，进入上海先锋商泰电子技术有限公司。

◆ 2004 年 10 月离职，作为技术合伙人参与重庆快点科技有限公司的创业，2007 年 4 月离开。

◆ 2007 年 6 月加入淘宝网平台架构团队（杭州）；2010 年 1 月任中间件团队负责人；2013 年 5 月，成为淘宝技术部技术总监，2014 年 10 月离开淘宝。

◆ 2015 年 3 月，加入"蘑菇街"，2015 年 3 月至 2016 年 6 月任"蘑菇街"技术副总裁；2016 年"蘑菇街"和"美丽说"合并，任美丽联合集团技术副总裁。

然后是《Qt Quick 核心编程》和《程序员的成长课》的作者安晓辉的。

◆ 2002 年毕业于西安交通大学信息工程专业，进入西安大唐电信，做售后技术支持。
◆ 2005 年 4 月，进入西安信利网络科技有限公司，做宽带接入产品开发。
◆ 2006 年 5 月，进入江苏东大集成电路系统工程技术有限公司（所在地南京），做手持终端产品开发（PDA、导航仪、车载导航系统设备等）。
◆ 2008 年 1 月，进入西安信利网络科技有限公司；2009 年年底开始负责互联网机顶盒产品开发；从 2010 年起担任研发部门经理直至离开。
◆ 2014 年 11 月，与人合伙创业。
◆ 2015 年 12 月，创业失败，加入全时云商务服务股份有限公司，负责云会议产品客户端 SDK 的设计和开发。

从曾宪杰和安晓辉这两个人的履历（完整履历可以在"LinkedIn 中国"查到）中可以看出"趋势"这个关键因素对开发者职业的重要影响，简直可以说它决定了开发者能够达到的职场高度。

这里截取 2007 年 6 月到 2014 年 11 月这段时间来观察趋势和差异。

	曾宪杰	安晓辉	趋势和差异描述
行业	电子商务	OTT 机顶盒	电商的黄金 10 年刚刚开启，市场规模现在超过 20 万亿元；机顶盒是成熟行业，在走下坡路，OTT 机顶盒是分支，年均销售量在 1500 万台左右，市场规模在 50 亿元左右
公司	淘宝	信利	淘宝是电商行业的带头大哥；信利原本是做校园网宽带综合管理软件的，是 OTT 机顶盒行业的新兵

	曾宪杰	安晓辉	趋势和差异描述
城市	杭州	西安	杭州是软件和互联网产业的第 5 大城市；西安的软件和互联网产业相对落后，在前十名之外
职位	技术总监，M4	部门经理	大公司技术总监的影响力和可调动资源比小公司的研发经理高 N 个数量级
收入	年薪 >100 万元	年薪 <30 万元	年薪存在巨大差异；曾宪杰有配股

通过对比我们可以看出，曾宪杰和安晓辉在 2007—2008 年左右，分别选择了不同行业、不同公司的开发岗位，到 2014 年，两人在职位和收入上呈现出了巨大的差异。而 2014—2017 年，两人差异更大，曾宪杰是美丽联合集团技术副总裁，安晓辉是全时云商务的资深开发者。

做这个对比真是让人心潮澎湃……捂脸哭……再哭……因为安晓辉就是我，曾宪杰是我的同学。

现在你知道了吧，选择大于努力，这于我是"多么痛的领悟"！

好啦，平静一下，现在要"敲黑板划重点"啦！

对比曾宪杰和安晓辉的履历，可以看到开发者要想在职场上拥有高度，首先需要做好的就是以下两点。

① 进入好的领域（行业），跟着大的趋势走。趋势对了，你什么都不做都可能比那个入错行的程序员发展得好。
② 选择领域（行业）内领先的公司。行业内 TOP 5 的公司是引领这个行业发展趋势的，进入这样的公司你获得好发展的概率又高了很多。

"先选领域，再选公司"，这个大逻辑能够大概率确保你在正确的河道上坐上快船，为你的远航奠定坚实的基础。选对了再努力，乘风破浪，事半功倍。

当你选对公司后，还有一点非常重要：选择核心产品链条上的岗位。你在京东，从事订单系统的架构工作，一定比某个四线城市的快递员有更好的发展前景。

综合以上 3 点，就是开发者职业选择的通用逻辑——先选领域，后选公司，再选岗位。

目前我个人比较看好的领域有（不分先后）：

◆ 互联网。
◆ 大数据和人工智能。
◆ 电商。
◆ 医疗。
◆ 教育。
◆ 文娱（含游戏）。
◆ 体育。
◆ 旅游。
◆ 金融和保险。
◆ 智慧城市。
◆ 高端制造。
◆ 交通。

3.2 个人倾向大于通用逻辑

职业选择的通用逻辑是基于统计的，是平均化的，是理性化的。而实际上，每一个个体的选择，却往往是由个人在某一阶段所看重的因素决定的。

2012 年我负责的团队招聘 Android 开发人员，一位从某公司手机研发团队出来的开发者来面试。我们这边的收入可能只有他原来的一半，所以我问他为什么要离开原来的公司。他说，公司的手机操作系统 EMUI 每两周要更新一个版本，各种型号的终端天天要适配，不停地改东改西，导致每天晚上都要在 12 点左右才能下班……根本无法照顾怀孕的妻子。

这位开发者的选择就是当前阶段"照顾怀孕妻子"这个因素决定的。

其实大多数人在选择工作时，都会像这个朋友一样，考虑很多和自己相关的因素，而不仅是通用逻辑。

例如一个人特别想做有正向意义、能帮助人成长的事情，对游戏颇有成见，认为游戏会使人沉迷，令人逃避现实，最终让人变得越来越没有价值，那即便顶尖的手游公司为其提供待遇很好的游戏开发岗位，他也不会接受。相反，他会更愿意尝试教育类产品的开发，哪怕回报没有做游戏那么高。

这就是个人倾向的决定性作用。

背离个人偏好的工作，做起来可能会没那么开心，甚至会比较痛苦，你总会有一种"为了什么我不得不怎么样"的压抑感觉，这样的工作即便收入很高，也无法让你感到幸福。

符合个人偏好的工作做起来会更开心，更有满足感，也因此更容易投入，更容易获得成绩，更容易走向成功。

这就是我们说"个人倾向大于通用逻辑"的原因。

所以，请静下心来，探索你找工作时所看重的因素，把它列出来。

一旦你找出了最看重的 3 个因素，遇到和工作相关的选择就会比较容易做出决策：哪个机会与我看重的因素契合度高就选择哪个。

3.3 根据场景对开发者的分类

我们以使用服务的最终用户为参考点，根据距离不同可以将软件系统分成终端（简称端）、传输（简称传）、云端（简称云）三个层次。

终端大家比较好理解，例如智能手机、电视、冰箱、机顶盒、个人计算机、电子广告牌、智能手环、智能音箱、电子书、汽车等，都是我们天天能接触到的。

在这些设备上运行的软件被称为"终端软件"（也可以称为"前端软件"）。

终端软件一般又可以分为三大类：PC 端软件、移动应用软件、嵌入式软件。例如我们用的 Word、Chrome、Visual Studio、Android Studio、魔兽争霸 3、Windows 版微信、Skype 等都是 PC 端软件；我们在手机上使用的微信、今日头条、在行、挖财、得到、支付宝、陌陌、花椒、抖音、快手等都是移动应用软件；中国电信的 IPTV、汽车上的电子仪表盘、定时电饭煲的控制系统、冰箱控制系统等都是嵌入式软件。

注意，终端软件很多都是单机版的，不需要和云端沟通，例如 Excel、Photoshop、手电筒 APP、秒表 APP 等。

云端是指服务端软件，例如京东电商系统的后台、Netflix 的流媒体管理系统、微信的即时通信服务器和文件服务器、12306 的后台、百度网盘、网易的电子邮箱服务等。

传输其实是"数据快递服务"，负责把数据从一个终端快递到另一个终端。例如你使用微信发消息给张三，这个消息就会被封装成"包裹"，交给传输软件系统送到张三那里。

传输软件系统非常复杂，包含众多的设备，例如无线基站 (eNodeB)、分组网关、服务网关、OLT（光线路终端）、ONU（光网络单元）、ODN（光分配网络）、光分路器、软交换设备等。几乎每一类传输设备（光纤、电缆之类的除外）都需要软件来驱动。

华为、中兴、烽火、迅捷网络等是目前国内知名的通信传输设备供应商。

我们以微信的一次聊天为例，看看云传端各个系统都做了什么事情。

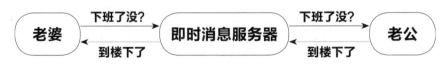

老婆打开微信，找到联系人老公，用虚拟键盘输入文字"下班了没？"点击"发送"按钮。数据经过微信的转换、封装、加密后，形成数据包，从手机的数据链路上发出。

老婆发出的数据包通过无线接入网络（RAN）、核心网络（EPC）进入互联网，经历各种路由送到微信的即时消息服务器。

即时消息服务器收到用户老婆发的数据包，按照约定的格式解码一些信息，发现消息是发给用户老公的，于是转发给老公。

转发的数据包从服务器的网络链路出发，经过本地的路由器、网关等设备进入互联网，一路送到老公这里。

老公手机上的微信收到聊天消息，解密、解包收到的数据包，并且发出通知（状态栏通知、锁屏通知、语音等各种行为）。

老公感受到手机的通知，打开微信，发现是老婆发的消息"下班了没？"马上回复"到楼下了"……

请大家根据下图所画出的边界琢磨一下，把老婆和老公使用微信发送两个消息过程中发生的事情归归类。

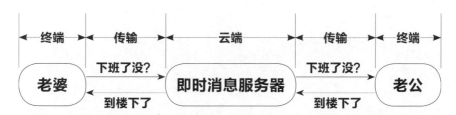

这个练习有助于我们了解后面讲到的每一类开发都做了什么事情。

云、传、端要想联合起来给用户提供服务都需要软件系统。不同场景的软件系统需要的技术不太一样，甚至每个场景都可能使用多种技术来做软件。

终端软件中的移动应用软件可能由 Java + Android + SQLite + OpenGL 来实现，也可能用 React Native 来实现，还可能由 Qt Quick、Unity3D 或 Swift 来实现。

终端软件中的 PC 端软件，可能由 C、C++、C#、Qt、Java、Python、H5 或 Delphi 实现。

很多终端软件具有一个非常明显的特征：直接被用户接触，如果你做得好很容易得到正向反馈。例如 iPhone 的滑动解锁功能，出来时令人惊艳，用户用了都说好，开发人员就很有成就感；例如足记 APP 的大片模式，2015 年 2 月 7 日上线后，用户几乎为之疯狂，相关开发者自然是满满的成就感。

云端系统的软件很多，可能是某个应用服务系统的后台服务，也可能是支撑服务器运转的管理软件，还可能是资源虚拟化软件……相应地，实现这些软件的技术也千差万别，它们中的一部分可能由 SSM 实现，另一部分可能由 Node.js 实现，还有很多可能由 C++、Golang、PHP、Perl、RoR 或 Python+Django 来实现。

传输系统的软件多数由 C 或 C++ 语言相关的技术栈实现，也有的使用汇编语言实现。

这两部分软件中的大部分，通常用户不能直接看见，但如果它们能做到高可用，解决大并发、可扩展、安全、数据一致性等问题，就能支撑海量用户，以关键时刻不出问题（例如淘宝的双 11、京东的 618、12306 的春运）的形式给人带来爆棚的成就感。

传输和云端系统的软件因为很难被形象化地感知到，离用户可接触的终端业务相对较远，所以要求更高的逻辑思维和想象力。

云、传、端的划分，对我们选择软件公司或开发岗位有非常大的帮助。例如一个人就希望做直接被用户使用的产品，那终端类的软件开发岗位可能就更适合他。再例如一个人就渴望完成复杂的系统，支撑千千万万的用户使用，那云端服务类的开发岗位就比较适合他。

3.4 根据应用层次对开发者分类

云、传、端三个场景中的软件千千万万，彼此之间往往存在着很大的差别。

例如手机摄像头的驱动和今日头条 APP 都是终端软件，但是调性就完全不一样，工作方式、开发过程也有明显区别。

再例如 VMware vSphere、Docker 和 Nginx 都是云端所用的软件，然而几乎没有什么共同之处。

这种巨大的差异，凸显出单一维度划分软件类别所引入的"粒度过粗"问题。因此为了更容易理解，我们引入一个新的维度——与硬件的距离，来对每个场景中的软件进行再次分类。

根据软件与硬件的距离，可以将其分为 3 个不同的层次。

① 底层软件。
② 系统软件。
③ 应用层软件。

底层软件指那些驱动硬件工作的，或者管理某些硬件资源的软件，它们距离硬件很近。例如显卡驱动、网卡驱动、NAND Flash 驱动、服务器虚拟化软件、Modem 驱动、蓝牙设备驱动、SPI 总线设备驱动、FlashMagic、SmartPro……

系统软件指操作系统层面的软件，它们不直接和硬件打交道，但又相对底层，不直接对最终用户提供显性的服务，而是作为应用软件的支撑层。例如 Windows 的登录进程 Winlogon.exe、Idle 进程、服务控制管理器 Services.exe、MFC 框架、.NET Framework，例如 Linux 内核、X11、GTK+，例如 Android 系统中的 Dalvik 虚拟机、SQLite、WebKit、进程管理软件、窗口管理器、包管理器等，例如 iOS 系统的 Foundation、HomeKit、HealthKit、ImageIO，例如用在各种系统中的 FreeType、OpenSSL、JVM 等。

应用层软件指面向用户提供特定服务的软件。例如提供字处理服务的 Word，提供图像处理功能的 Photoshop，提供记账功能的挖财、随手记，提供短视频内容消费的抖音，提供视频观赏服务的爱奇艺视频 PC 版，提供工程制图能力的 AutoCAD，提供电商服务的京东网站，提供健身课程的 Keep……几乎我们日常用的各种软件都是应用层软件。

不同层级的软件对知识的要求会有很大差别。例如你做驱动，需要了解操作系统的驱动框架（不同系统驱动框架有很大不同，例如 Windows 和 Android 就完全不一样），了解元器件的原理，钻研 datasheet，学习各种寄存器的含义，了解芯片的外设接口；而你做应用软件，例如股票软件，需要学习的是各种业务知识，例如营业收入、利润总额、净利润、委托、集合竞价、连续竞价、净资产、K 线、市盈率、前复权、后复权、KDJ、MACD、BOLL……

偏底层的软件要求的知识面相对较窄，要求掌握的知识相对精深，同时，因为底层软件距离用户的应用业务较远，变化也没有那么频繁。

偏应用层的软件，业务知识多而杂，各种变化也比较频繁。像"杀一个程序员不需要用枪，改三次需求就够了"这种笑话都是讲开发应用软件的程序员的。

底层软件非常注重性能，往往要求你榨干元器件的性能，最大化地使用元器件的功能，以便达到性能上的指标。而应用层软件的很多开发者已经不大留意性能问题了，甚至很多人根本不关注自己写出的代码的性能。

底层软件的调试多数时候靠打日志（例如 printk）和串口看日志这种方式，甚至是看指示灯，而应用层开发往往可以使用各种调试工具，例如 GDB、valgrind、WinDbg、Instruments、Chrome 开发者工具、Fiddler 等。

不同层级的软件使用的技术也有很大差别。例如做 Android APP 会使用 Java 或 Kotlin，而做 3D 摄像头的驱动用的是 C 或汇编。从一定程度上讲，你要做的软件类别会决定你可能使用的技术栈。

详细了解每一层软件对知识和技能的要求，以及开发者日常的工作状态，有助于我们选择开发方向。

3.5 研究型与应用型开发者

2016 年 3 月，Google 人工智能 AlphaGo 与韩国围棋高手李世石较量，最终以 4:1 大胜。这场比赛再次点燃了人工智能的热潮，也将深度学习技术推上"神坛"。再接下来，大大小小的 AI 创业公司如雨后春笋般地不断涌现，AI 相关的算法岗位大量出现，相应的开发者忽然供不应求，呈现出一种"算法工程师荒"的局面。与此对应的，算法工程师的市场行情也开始节节攀升。下图是我从拉勾网截取的机器学习相关岗位的招聘信息。

机器学习 [酒仙桥] 2018-05-29

40k-80k　经验3-5年 / 本科

算法　推荐　大数据　数据挖掘

算法工程师-机器学习、... [通州区] 2018-06-07

30k-60k　经验3-5年 / 本科

资深　高级　中级　初级

资深机器学习工程师 [中关村] 3天前发布

40k-80k　经验3-5年 / 本科

数据分析　算法　数据挖掘　深度学习　人工智能

机器学习/数据挖掘高级... [远大路] 3天前发布

30k-60k　经验3-5年 / 本科

算法

大规模机器学习工程师 [海淀区] 2天前发布

30k-60k　经验1-3年 / 硕士

注：网络的招聘广告中，k 表示"千元"，w 表示"万元"。本书在后面的引用中也遵照原版，未改动。——编辑

　　大家可以看到，各种类型的算法工程师薪水都很高。如果你稍作一番调研就会发现，同年限工作经验的算法工程师，薪水远高于诸如Java 开发工程师、C++ 开发工程师等一般应用开发工程师。

　　这是因为算法的设计、实现和应用有比较高的门槛，远比应用型开发者使用乐高积木搭建一幢房子要复杂得多。越是有难度的事情带来的回报也就越高。

　　然而实际上，算法从计算机诞生起就有了，就连 AlphaGo 用到的深度学习技术，也是 2006 年提出来的，而 AlphaGo 的鼻祖人工神经网络所用的神经元数学模型，则是1943年提出的（详情参见尼克所著《人工智能简史》一书的第 5 章）！

与此相关的，算法工程师自然也不是新近才出现的，而是历史悠久的职业。之所以之前没有获得广泛关注，是因为整个国内的软件开发阶段主要停留在快速满足业务需求的应用软件时代。而现在，应用开发的环境、组件、工具、模式等都非常成熟了，再在其上构建壁垒比较困难，所以更深层的、更有难度的，可以建立高门槛的技术和模式开始走向前台，获得更多的关注，由此，算法等研究型工程师的需求就再次凸显出来。

我们在这里所说的研究型工程师，主要从事的方向有两类，一类是复杂产品或大型工程项目的研究、开发，另一类是算法和工程科学等基础性的研究。在软件开发领域，现在我们熟知的是与算法相关的研究。

与研究型工程师对应的是应用型工程师，主要从事软件产品或服务的设计与开发，其工作更多的是面向问题域，根据特定的业务设计做出相应的软件。

我们举一个简单的例子来说明研究型工程师和应用型工程师的区别。例如美颜相机这个 APP，搭建 Android 界面的工程师属于应用型，设计、开发磨皮算法的工程师属于研究型。

美颜相机属于应用层软件，其实底层、系统层和应用层，每一层的软件工程师都有应用型的和研究型的。例如抽油烟机、洗衣机、空调等都需要的电机驱动属于底层软件，但是在这里又有诸如 120 度、180 度梯形波、FOC 算法、PID 调节算法等控制算法，设计这些类似算法的工程师就是研究型的工程师，而根据驱动框架调用算法实现驱动软件的工程师就是应用型开发工程师。

现在大家应该对研究型和应用型的区分比较清楚了。接下来我们重点介绍与算法相关的工程师，从所做的事情来看，算法工程师可以分细分为五个方向。

① 算法设计：该方向工程师的主要工作是设计新的算法、选择模型（例如线性回归、随机森林、决策树或卷积神经网络）或者对经典算法进行改造，以便应用于特定场景，例如利用图像识别、深度学习等算法从事人脸检测、跟踪与识别。做这类事情，需要具备扎实的数学基础和算法功底。

② 算法实现：该方向工程师负责用编程语言实现算法设计工程师

设计出来的算法，例如用 C 语言实现 kNN 算法。做这类工作需要你能够理解算法思想，还需要你有扎实的编程能力。该方向和算法设计方向有时会同时出现在一个工程师身上。

③ 算法优化：该方向工程师的主要工作是针对特定平台，优化算法的实现，提升性能。例如在移动端设备上优化图像处理算法。通常做这类工作，要求有一定的算法基础和优秀的编程能力，熟悉目标平台的指令集（常见的有 X86 或 ARM）。

④ 算法应用：该方向工程师的主要工作是理解业务及各种算法类库的适用场景和效果，选择合适的算法实现上层业务。简单讲，他们的角色是使用算法满足业务需求，例如智能手机上的各种美颜相机，一定有这类工程师的贡献，他们知道怎么调用磨皮算法，知道每个参数的含义及其对效果的影响，知道怎么"喂"数据。

⑤ 数据工程师：其主要工作是数据清洗，分为两部分，一是从原始数据，如文本、图像或者应用数据中清洗出特征数据和标注数据；二是对清洗出的特征和标注数据进行处理（例如样本采样、样本调权、异常点去除、特征归一化处理等），生成供模型训练使用的数据。很多想入行机器学习的人会觉得数据工程师的工作是打下手，但实际上，有好的数据，才有好的结果。没有好的数据，你用再好的模型也出不来想要的结果。数据工程师有时会和算法应用合体。

如果你的数学基础一般，但是想从事算法相关的工作，从算法应用和数据工程师切入会相对容易。

3.6 自顶向下的机会选择模型

本章一开始，我们讨论了职业选择的通用逻辑——选择大于努力，然后讨论开发岗位的几种分类：依据距离用户的远近，将软件分为云、传、端三个场景；又根据距离硬件的远近，将每个场景中的软件分为底层、系统和应用三层；最后又再次细分出研究型工程师和应用型工程师。

把职业选择的通用逻辑和开发岗位的分类组合在一起，可以导出完整的工作机会选择模型，如下图所示。

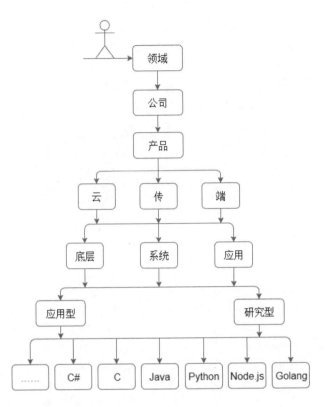

对于想从事软件开发工作的人来说，需要先选择自己感兴趣的领域（行业），例如医疗、电商、自动驾驶、教育、金融、文化娱乐等，处在上升期、符合社会发展趋势的领域会给个人赋能，个人在这样的领域中有更多的机会，领域相当于水域。

选好领域（行业）后，尽可能选择领域内顶尖的公司或在某个细分领域有拳头产品、有影响力的公司。这些公司有比较大的概率能在你所选择的道路上走得更远，公司相当于船只。

每一家公司都可能有多个产品线，这些产品线或服务中，一定有某几个是核心的、创造较大价值的。加入开发这些产品的团队，团队重要，你也会重要。

选择完了领域、公司、产品线，接下来就是选择具体的岗位。此时就用到我们前面提供的几种划分标准。

一个产品的软件系统可以分为终端、传输和云端。不同场景的软件有不同的特性，对开发者有不同的要求。你可以根据软件系统在整个产品中的重要性来选择，哪个系统重要就选择哪个。例如电商类的系统，云端的各种服务系统，往往比终端的页面更重要，你可以选择做云端的订单系统。当然我们讲过"个人逻辑大于通用逻辑"，如果你更喜欢自己开发出来的功能能直接与用户接触，也可以选择做终端。

云、传、端三部分的开发工程师又可以分为应用型和研究型。研究型门槛高、难度大，但回报高，也更能抵抗年龄带来的价值衰减，这种类型的岗位往往要求有更高的数学基础和研究能力，有这方面倾向的人可以选择。应用型的岗位与业务接触紧密，其着眼点为如何用技术更好地实现业务，因而业务需求的变化会带来软件层面的连锁变化。应用型的开发工程师数量众多，竞争激烈，工作 8 年到 10 年的"老司机"，如果修为不到，做事情的效率和产出的质量往往和入行两三年的开发者类似，很容易被替代，这就是所谓的青春饭。应对的思路是，在编程能力、业务能力、软件设计能力和工程能力四个维度上打造核心竞争力，向技术专家、架构师、技术＋业务或技术管理这几个方向发展。

岗位的划分和产品的特性决定了开发者可以使用的技术。所以，技术栈的选择往往是最后才定的，而且通常是被前面的选择所决定的。

这就是适用于开发者的自顶向下的机会选择策略——寻找有前景的领域，进入顶尖的公司，加入核心产品线，选择更重要的岗位，做有难度的事情，解决复杂的问题，创造并保持溢价。

在实际工作中，很多人往往持着技术决定论或唯技术论，觉得去哪里工作没关系，只要能用上自己掌握的某种技术即可。这种想法在刚入行的 1~3 年特别普遍，因为企业招募这个阶段的开发者时也会优先谈技术。

如果你处在这个阶段，面对的现实也是技术决定论，那么，请你在选择机会时，一面兼顾擅长的技术，一面考虑公司业务所处的领域和公司在该领域内的地位，因为这样的机会对个人的发展更有利。

第二部分　修炼

第4章

开发者的职场成长路径

> 这一章我们要来看看开发者的职场成长路径，看看我们的未来都有哪些可能。

4.1 全路径图

开发者的职场发展路径可以用一张图表示（受到 Scalers 的个人成长路径图的启示，感谢 Scalers，他的图书《刻意学习》值得一看）。

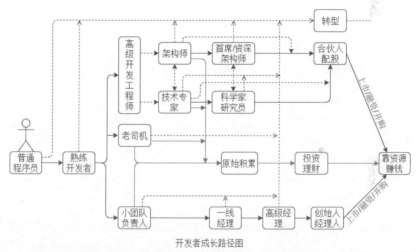

开发者成长路径图

这张图展现出了开发者职场发展的 3 种常见通路。

① 技术路线（浅色实线）。

② 管理路线（深色实线）。

③ 转型（虚线）。

对开发者来讲，无论是技术路线，还是管理路线都需要你先从普通程序员进阶为熟练开发者，然后才可能有比较好的收入。假如你停留在"接受别人分配的任务、完成任务万事大吉"的普通程序员状态，那么，你的薪水一定难以突破那个显而易见的"天花板" B1（依据城市的不同而不同），可能是 20000 元 / 月，也可能是 10000 元 / 月。

当你进入熟练开发者的行列，就可以突破"天花板"B1。破了"天花板"B1，你不但可以看到技术专家、架构师、经理三条发展通路，还可以开启你的第 4 条成长通路——投资理财。

所以，开发者要完成的第一个关键跨越，就是从普通程序员进阶为熟练开发者。完成这个跨越，才会看到更多的职场可能性。

成为熟练开发者后，熟悉技术，建立了某个领域的知识体系，可以较好地解决技术问题。了解业务，能够较好地解决业务领域的问题。大部分开发者会经历这个阶段，进入自己的高原期。

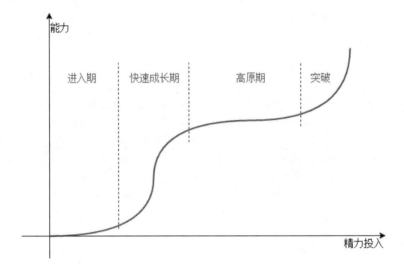

高原期比较容易懈怠，因为无论你怎么努力，好像都没有太大长进。

相当比例的人在高原期待上一段时间就会倦怠，觉得自己就这样了，不可能再有什么突破，于是就无所谓了，丧失了提升的动力，工作没那么积极投入了，有事儿干干，没事儿混混，成了被动型的、混日子的"老司机"。

另有一小部分人可能会走向管理岗位。走向管理岗位有很多方式，具体请阅读我的另一本书《程序员的成长课》。

究竟走技术路线，还是管理路线，取决于个人的喜好、成就感来源和现实机会。

还有些人虽然也感觉自己到了瓶颈期，但会积极、主动地对待工作，不断地探索技术、业务中的新东西，希望获得突破，最终他们可能会更加熟悉某个技术栈，也更加熟悉业务，还会在广度和软实力上获得更多的提升，成为高级开发工程师。

高级开发工程师中的一小部分人能在技术和设计上深入挖掘，继续前行，突破"天花板"成为某个领域的技术专家或者某个产品的架构师，在个人价值和外在收入上再上一个新台阶。这也是开发者的第二个关键跨越——从熟练开发者成为专家级人士。

开发者成长路径图上内容较多，也比较复杂，我还画过另一张更为简单明了的图，具体如下。

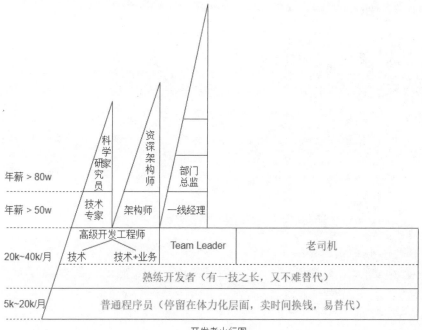

开发者山行图

这张图被我称为"开发者山行图"，它描绘了开发者的 4 个层级和不同层级大概的收入范围（图上标注的收入，以 2017 年一线城市互联网行业为基准，非一线地区，请乘以小于 1 的系数）。

接下来我们简要介绍开发者职场成长中可能经历的角色。

4.2 普通程序员

普通程序员大部分是刚做软件开发工作 1~3 年的新手，能够使用一定的专项技术，完成别人分配的模块开发任务。在工作中，他们很少有机会决定自己做什么和怎么做，通常是在他人的指导和安排下写代码，实现特定的细分功能。

普通程序员因为知识、技能和工程能力还处在初级阶段，再加上面临交付压力，他们的着眼点往往在于如何尽快把代码写出来，并实现功能。多数人还来不及琢磨怎么把一个模块的代码完成得更好，也没有掌握那些可以让代码更为简洁、合理、逻辑清晰、易于扩展和维护的原则和套路，即他们还没有建立起软件的设计能力。

所谓"软件设计能力"，指的是运用常见的软件设计原则和范式设计，实现软件的能力。

具备软件设计能力的表现有以下 3 点。

① 熟悉（诸如单一职责原则、开放封闭原则、里氏替换原则、依赖倒置原则、接口分离原则、迪米特法则等）常见的软件设计原则。

② 熟悉常见的编程惯用法和设计模式（例如 GoF 的 23 种设计模式）。

③ 能够主动地、有意识地在编程实践中应用软件设计原则。

当你还是一名普通程序员时，往往不具备上面的能力，停留在体力化的代码输入阶段，此时很容易被替代。如果你不能精进技术水平，两三年后就失去竞争力了——因为你的技能水平对不起你的工作年限，你把一年的工作经验重复用了 N 年。

在这个阶段，（依据 2017 年和 2018 年一线城市的行情来看）收入一般就在 5000 ~ 20000 元／月，很难突破 20000 元／月。同时，这个阶段的开发者也很少有超过 30 岁的——因为你超过 30 岁还停留在这个阶段，基本上就混不下去了。这也是很多人说软件开发是青春饭的原因。

这个阶段会有大量的人退出，谋求转型……

4.3 熟练开发者

一般的开发者会在普通程序员这个阶段停留 3 ~ 5 年，然后就进阶为熟练开发者，能运用一组技能树，完成较为复杂的软件模块的设计和开发工作，进入这个阶段的标识有以下 3 个。

① 熟悉常见的软件设计原则并能有意识地在编程实践中应用。
② 可以做某个功能模块或子系统的软件设计工作。
③ 可以分配任务给普通开发者。

到了熟练开发者阶段，你才算是有了一技之长，才称得上靠技术吃饭（因为普通程序员越来越多，初阶的编码能力已经算不上一技之长了）。有了一技之长，你的收入就能获得突破，拿到 20000 ~ 40000 元的月薪。

你可能会在这个阶段停留 3 ~ 5 年。

这个阶段会有大部分人开始怀疑程序人生的意义，一方面对开发工作很熟悉了，也没激情了；另一方面又很难进入下一阶段获得突破，于是倦怠、空虚、无聊、意义匮乏等状况纷至沓来。在这个三十而立的年纪，很多人会考虑转型，一部分人因为看不到其他的机会又难以放弃开发技能的积累和高薪，在犹豫中蹉跎岁月；另一部分人未雨绸缪，在日常的开发工作中，已经发展了支线剧情，这样转型就比较顺利了。

如果你转型时遇到困难，请到"在行"APP 内搜索"安晓辉"，浏览我广受好评的话题：聊聊程序员职业规划那些事儿。

4.4 精通技术和业务的高级开发者

在熟练开发者这个阶段后，有一小部分人能够在某个技术栈上持续精进，凸显出优势，靠这种技术优势成为高级开发者。

我个人在从事了 3 年左右的开发工作后，在 C++ 语言和设计模式方面有了基础的积累，后来因为做智能电视机顶盒，开始接触 Qt 应用开发框架。过了 2 年，我熟知了 Qt 的各种组件、底层实现原理，不但能够灵活、高效地使用相关类库，还可以扩展、定制、优化 Qt 的某些功能。在公司里，只有我一人可以做到这种程度，因此我拥有了这方面的技术优势，大家提到 Qt 第一时间就会想到我，我也因此拥有了一个标签，显得"高级"起来。

熟练开发者中还有一小部分人，技术上达到了一定水准，但是并没有在某个技术栈上拥有鹤立鸡群的优势，周围的人还没有那种"某种技术谁最强"的感觉。同时要想建立这样的优势和标签，短时间内又不可能。

此时，他们采取了组合策略，开始深挖业务，淬炼自己对业务的理解和把握，很快成为公司里最熟悉业务的少数人。

业务往往被开发者"忽视"，觉得没那么重要，没技术含量。他们会更看重自己的编程实力，精通了什么语言，熟悉了什么框架，学习了什么设计模式，这是他们关心且津津乐道的。但实际上，软件是用计算机技术解决某个领域的问题，是由技术和业务两部分组成的。而且，软件解决的问题往往是开发软件的程序员所不熟悉的其他行业的问题。简单讲，软件开发工程师通常是以外行的身份去解决其他行业的问题。例如，做电商系统的开发者，解决的并不是计算机软件的问题，而是买卖商品的问题；做物流软件的开发者，解决的也不是计算机软件的问题，而是物流行业的问题。

所以，如果一个开发者能够成为其所开发软件要解决的问题领域的行家，就能更好地理解问题、定义问题、分解问题，最终就能更好地完成软件的架构设计并实现，做出来的软件就能更好地满足最终用户的需求。

也正因如此，一个开发者能够很好地把握业务，又具备相当的技术能力，就非常有竞争力了，就会在团队中脱颖而出，成为高级开发者。

高级开发者会在日常工作中表现出下列特征。

◆ 在某方面成为别人的咨询对象。他人遇到某一类的问题，经常找你来问"这是怎么回事儿？"请你帮他解释或辅助他们寻找解决方案。

◆ 经常影响他人和团队决策。同事或团队遇到比较关键的问题时，会来问你的意见和看法，或者请你确认"这样做可能会有什么问题""这样做可以吗？"

4.5 混日子的"老司机"

其实熟练开发者中还有一部分人，发现自己很难再提升，也很难获得团队中的核心位置后，觉得工作已经没什么特别的意义了，不过是为了每月的那点儿薪水，于是就会选择"混日子"。

所谓"混日子"，指的是"没有目标，混混沌沌，得过且过"。

混日子的"老司机"的一天可能是这么度过的。

◆ 9:00：到公司。
◆ 9:00~9:30：吃着买来的放心早餐（包子、煎饼果子、面包），等待计算机启动。
◆ 9:30~10:00：刷朋友圈，浏览网站，看看新闻，关注一下美国篮球职业联赛或者"英超"。
◆ 10:00~10:30：哎呀，今天该干点啥呢？想着想着把游戏打开了。
◆ 10:30~11:00：还没怎么玩呢，就11点了啊。
◆ 11:00：收下邮件吧，看看有没有什么工作上的事儿。
◆ 11:30：吃什么呢，开始和小伙伴们商量中午吃什么。
◆ 13:00~：关了游戏，小睡一会儿。
◆ 14:30：被别人叫醒了，据说有个BUG要处理。
◆ 14:30~15:00：抽根烟去，困死了。
◆ 15:00~16:30：打游戏，抽空浏览JIRA，抽空与测试女同事说两句，就说我正在研究呢。
◆ 16:30~17:30：切换到JIRA页面，开始看BUG描述，告诉测试女同事描述不清晰，无法重现，让测试女同事再测，重现了叫他。
◆ 17:30~：出去抽了根烟，回到座位上又玩了几分钟游戏，准备下班。

特别说明：刷朋友圈、玩游戏、浏览网页，看新闻、看美国篮球职业联赛、看"英超"等，都只是占位符……可以被其他形式替换，例如找人聊聊电视剧、逛淘宝……

特别提示：不要成为混日子的程序员！一旦你进入这种被动工作、

消极怠工的状态，很快就会失去性价比，被后来的年轻人替代，不得不另谋出路。

4.6 技术专家

"卖油翁取出一个葫芦放在地上，用一枚铜钱盖住葫芦的口，慢慢地用勺子倒油，油通过铜钱方孔注入葫芦，却没有沾湿铜钱。"

这就是卖油翁折服擅长射箭的康肃公陈尧咨时展示的绝活。

卖油翁是倒油的专家。

这一天，庖丁被请到文惠君的府上，为其宰杀一头肉牛。只见他用手按着牛，用肩靠着牛，用脚踩着牛，用膝盖抵着牛，动作极其熟练自如。他在将屠刀刺入牛身时，那种皮肉与筋骨剥离的声音，与其运刀时的动作互相配合，显得那么和谐一致，美妙动人。他那宰牛时的动作就像踏着商汤时代的乐曲《桑林》起舞一般，而解牛时所发出的声响也与尧乐《经首》十分合拍。

这就是庖丁令文惠君震惊的宰牛技术。

庖丁是宰牛的专家。

以卖油翁和庖丁来类比软件开发领域的技术专家，我们发现，他们至少要具备下列特征，才可能被称为专家。

- ◆ 拥有某一细分技术领域完备的显性知识。
- ◆ 拥有某一细分技术领域经验性的、只可意会不可言传的隐性知识。
- ◆ 拥有自己的方法论，做事自有章法。
- ◆ 内化了各种套路和知识，遇到自己熟知领域的问题时，反应敏捷，不假思索，一触即发。
- ◆ 拥有高超的实践能力，可以运用显性知识和隐性知识，探寻更个性化、有创造力的解决问题的方法。

专家的要求相当高，专家的数量相当少。

有一次我在《程序员》杂志上看到一篇文章，分析反汇编代码查找问题，条分缕析，游刃有余，真有庖丁解牛之感。当时看罢，惊为天人，赶紧一看作者，哇，原来是张银奎，知名的系统调试专家！著有《软件调试》和《格蠹汇编》两本书，当时担任《程序员》杂志"调试之剑"专栏的作者。

那是我第一次被一篇文章中透露出来的专家"味道"所折服。

一旦一个人成为某个领域的专家，他在解决问题、写文章、技术讨论、讲课等各个方面都可以体现出令人折服的风范。

正因为专家非常难得，其价值也非常高。一旦你成为某个细分领域的专家，个人价值就会有所突破，显现在工作上通常是收入大幅提升。

我从 2009 年开始使用 Qt，不断在项目中使用，不断阅读源代码，不断分享经验给别人，历经 5 年，在 Qt 应用开发方向上，到达了接近专家的水平，出版了《Qt on Android 核心编程》和《Qt Quick 核心编程》两本书。2014 年离职后，我加入一家公司做互联网会议软件开发，拿到的月薪接近我原来公司的 2 倍。在同一个城市，薪水有这样大幅度的提升，完全是因为我在 Qt 这个方向上真正做到了精深的程度。

喜欢技术的人，在职场上的一个比较理想的归宿，就是在一个重视技术的公司里，成为某个技术领域的专家。

要成为技术专家，首先要做的就是锚定一个方向，深入挖掘。

开发技术很多，今天 AR/VR 火了，明天机器学习热了，这个项目用 Node.js，那个项目用 Golang ……很多人在这种环境下就会今天用这个技术，明天用那个技术，两三年下来只能泛泛地了解七八种技术，可是没有一个是精通的。

然而，只有你真正精通某一种技术，你才能把自己和一般熟悉这种技术的开发者区分开，你才能彰显出自己的独特价值，才可能获得"某种技术就他能完成"的标签。你在组织中建立了标签，才可能获得更多的机会。

所以对技术人员来讲，会多少种技术不重要，重要的是：你曾经在某种技术上下过苦功，做到了精通，成为了组织内的专家，建立了个人影响力。

所以，梳理一下自己在公司项目中所用的技术组合，选择一个方向，尽快让自己成为那个被大家所依赖的人，才是更好的发展策略。

在成为技术专家的道路上，除了深挖某一个细分的技术领域，还有 3 点特别重要。

① 找到适合自己的学习方法：在输入知识的阶段，要觉察自己是读者型的还是听者型的，选择合适的方式积累知识；要建立沉淀知识的闭环，通过"输入－输出－反馈"这样的闭环来内化知识。知识只有在内化后才是自己的。

② 刻意练习：把每一个任务都当作打磨自己的机会，为自己设立更高的目标，用更好的过程和方法保质保量地完成。

③ 展示自己：向别人介绍你负责的项目和你完成的工作，帮助别人解决问题、分享自己的经验、辅导他人成长，都是有利于你技术提升的方式，也有利于你让别人认识你、了解你。

后面我们还会在相关章节中详细介绍如何成为技术专家。在这里先推荐两本神书给大家——《程序员修炼之道：从小工到专家》和《程序员思维修炼》，它们是成为技术专家的必读书目。

4.7 架构师

在人们很饿又没得吃的时候，只要生米做成熟饭、生菜变成带点咸味的熟菜，人们就满意了。此时对厨师的要求没那么高，他只要能做出来差不多的、把肚子填饱的食物就好。这个阶段的厨师，更关注有没有、能不能做出来。这就是入门不久的普通程序员的角色。

当温饱被满足后，人们就会有其他追求，例如味道更好、造型美观、多样化、颜色更好看、种类更多。相应地，对厨师的要求也提高了，刀工要好，对食材要有鉴别能力以便选用最合适的食材做最合适的菜品，要有一定的审美能力和设计能力以便做出外观好看的菜品，要有足够的经验以便提供稳定一致的好味道……这个阶段的厨师，相当于熟练开发者，要以更漂亮的方式做出更好的产品。

当菜品本身的食材、造型、味道、色泽等都很好时，顾客又会有新的要求，例如盛放菜品的器皿，桌子、桌布以及餐厅的环境、服务生的服饰和服务、支付的便捷性等。此时对厨师的要求就会超越做菜本身。你不但要会做菜，能够提供好的菜品，还要懂得菜品、器皿、餐具、餐桌、环境、位置等各种搭配，能够营造出一个好的就餐环境，同时还要能够提供好的服务……你要做的事情，从早期的把饭菜做出来，变成了如何设计各个流程、组织各种资源提供令人满意的就餐服务。也就是说，你的角色从单一的完成某个具体任务，变成了设计、实现并落地一个复杂的系统，这就是架构师的角色。

之所以打这个比方，是因为我听说过很多种架构师，例如硬件架构师、软件架构师、系统架构师、应用架构师、业务架构师、数据架构师、前端架构师、APP架构师、中间件架构师、产品架构师、基础服务架构师、基础设施架构师、云计算架构师……可是却说不出来架构师的清晰定义。

所以接下来我从拉勾网上找了来自京东、滴滴出行、字节跳动、瓜子二手车等知名公司的架构师招聘信息，请大家看看，先自行体会一下架构师是什么角色。

（注1，我抓取信息的时间是2018年6月）

（注2，我接下来讨论的偏重软件架构师）

1. 第一个招聘信息来自京东集团企业信息化部。

京东集团企业信息化部招聘

架构师

30k-50k /北京 / 经验10年以上 / 本科及以上 / 全职

架构师　系统架构　Java

2018-05-17　发布于拉勾网

职位诱惑：

500强,五险一金,免费班车,饭补

职位描述：

【岗位职责】

1、根据部门的技术发展路线，按照研发流程，完成架构方案的设计，并负责架构方案的实施；

2、分析并定位开发需求，提供高水平的应用设计分析，帮助选择合适的开发方法，开发和维护统一的软件开发架构和软件开发规范，对系统的重用、扩展、安全、性能、伸缩性、简洁等做系统级的把握；

3、通过开发工具或开发方法的改进，提高开发效率，并对开发人员的技术进行培训与技术支持，解决技术难题。

【任职资格】

1、计算机相关专业本科及以上学历，8年以上Java开发经验，3年以上独立架构设计经验；

2、精通基于JavaEE的企业应用开发与系统设计；

3、精通Java Web开发各领域的性能调优技术；

4、精通MySQL等关系型数据库的原理和最佳实践，并能给出特定场景下的反范式设计；

5、精通Redis、MongoDB等NoSQL数据库产品的数据结构设计，并能给出高并发的解决方案；

6、熟悉Spring、MyBatis等主流开源框架的设计原理和最佳实践，熟悉基于RPC、MQ等中间件的分布式系统设计；

7、具有优秀的分析、架构设计和文档编写能力；

8、有较强的表述能力，可以将复杂的概念通过简洁的方式传递给管理者和其他技术人员，具备良好的沟通能力、团队精神和合作精神。

2. 第二个招聘信息来自滴滴出行。

滴滴出行技术招聘

架构师

35k-65k /北京 / 经验5-10年 / 本科及以上 / 全职

专家　资深　高级　Java　PHP　GO

1天前　发布于拉勾网

职位诱惑：

晋升空间大,带薪年假,弹性工作,年终奖

职位描述：

1、负责运营平台/管控平台的架构设计

2、推动运营/管控的项目落地，持续跟进和完善项目

3、指导团队成员进行技术能力提升

任职资格：

1、精通php、go、Java等一门或者多门语言

2、精通Mysql、缓存、队列等数据存储及各种中间件

3、有大型分布式、高并发、高负载、高可用性系统设计开发经验

4、良好的逻辑思维能力，业务抽象和数据模型设计能力

5、具有很强的执行力，解决问题的能力和良好的沟通能力

6、能承受较强的工作压力，有较强的自我驱动能力和团队协作能力

7、有营销/管控/系统架构设计经验者优先

3. 第三个招聘信息来自字节跳动（该公司拥有今日头条、抖音等知名产品）。

字节跳动招聘

广告平台资深工程师/架构师

40k-70k /北京 / 经验不限 / 本科及以上 / 全职

数据挖掘

1天前 发布于拉勾网

职位诱惑：

弹性工作，免费三餐，租房补贴，扁平管理，过亿用户，五险一金

职位描述：

职位职责：
1、负责头条广告以及其他变现产品的后端开发架构开发工作；
2、负责代码规范制定，持续改善已有服务，优化系统薄弱点，负责系统稳定性；
3、积极推动改进产品，包括技术、用户体验、产品等各个维度。

职位要求：
1、扎实的计算机基础知识，较强的逻辑理解能力和学习能力，理解设计模式；
2、熟悉Web编程的架构，至少熟练使用一种 Web 框架；
3、了解数据库原理，至少熟练使用一种关系型数据库，对Mysql有较多了解；
4、有较强软件架构设计能力，有较强代码优化能力；
5、熟悉Python flask/Tornado/Django框架，熟悉javascript优先，对产品和技术有自己的理解，有广告经验的优先；有大型Web系统设计经验者优先。

4. 第四个招聘信息来自瓜子二手车。

瓜子二手车直卖网交易平台招聘

架构师/资深后台开发

25k-50k /北京 / 经验5-10年 / 本科及以上 / 全职

专家　资深　后端开发　Java　php　架构

1天前 发布于拉勾网

职位诱惑:

一线互联网公司薪资+全年最高19薪+不打卡

职位描述:

岗位职责:
1. 负责瓜子二手车后端的技术规范、规划和总体架构的实施;
2. 推动多团队、跨部门项目的实施;
3. 负责系统的优化,以及相关业务指标数据的提升;
4. 负责提升整体服务质量,降低研发成本,提升研发效率;
5. 负责团队内低级别员工的培养,提高整体团队技术水平。

任职要求:
1. 本科及以上学历,5年以上工作经验;
2. 5年及以上Unix/Linux平台下高性能架构的开发经验,有大型公司高并发开发经验者优先;
3. 精通Java或PHP后端开发语言,良好的文档编写、项目方案设计能力;
4. 熟练使用C/Shell/Python/Go中的一门或多门者优先。

从这些招聘信息中,我们可以挖掘出软件架构师要做的几类事情。

◆ 理解业务。
◆ 设计软件架构。
◆ 选择合适的技术。
◆ 执行架构。
◆ 软件开发过程的管理与优化。
◆ 培养员工。
◆ 保障组织的技术先进性。

软件架构的目的是为了业务的增长,所以软件架构师一定要把完成业务的工作当作自己最重要的工作,深入业务中去,成为业务的行家。只有做到这一点,才能在业务领域建立自信,才能成为一名合格的架构师。

有的人会觉得，有些架构师，例如基础服务架构师、中间件架构师，不需要了解太多业务。但实际上，他们也有自己的业务。

这是因为，"业务"一词随着现代软件系统的复杂度越来越高，已经被宽泛化了。例如京东的电商系统，这是一个庞大而复杂的系统，它要实现的业务就是网上购物。但是因为系统很庞杂，就会拆分成若干子系统，例如订单系统、支付系统、安全系统、消息中间件等。此时，有些架构师，例如负责开发基础框架、公共组件、通用服务等平台类产品的平台架构师，就不直接面对通常意义上的业务（与最终用户需求紧密相关的业务），但是，他们实际上也有业务。他们的业务来自于他们所负责产品的客户。例如京东的 JMQ（京东分布式消息中间件），它的客户有订单、支付、库房等各个系统，它的业务就是消息的分发、存储与管理。这就是业务的泛化，你所服务客户的需求（无论这个客户来自最终用户或者内部）就是你的业务。

理解了业务，完成了业务拆分，形成了业务架构，接下来才能更好地设计软件架构。

架构师可能是某一个技术方面的专家，但不必是其所设计的软件系统所使用的所有技术的专家。架构师是技术的使用者，能够深入了解不同的技术，知道这些技术的强项和弱点，能够做到根据不同的场景和需求选择合适的技术就可以了。例如 JMQ 的架构师需要知道使用 Redis 和 HBase 是合适的，但不必是 Redis 专家和 HBase 专家，他可以找精通 Redis 和 HBase 的开发者来做具体的实现工作。

除了要深入了解各种技术，架构师还应熟悉各种常见的架构模式。

架构模式是一个通用的、可重复的解决方案，用于解决在给定上下文的软件体系结构中经常出现的问题。架构模式与软件设计模式类似，但具有更广泛的范围。

常见的架构模式有分层模式、事件驱动模式、微内核模式（插件模式）、微服务模式、黑板模式、主从设备模式、代理模式、点对点模式、模型 – 视图 – 控制器模式等。

架构师的核心在于架构的执行。

不能落地执行的架构设计等于没有。而要想让一个架构落地，不能单单依赖架构师的个人影响力，更重要的是，必须赋予架构师权力。即架构师必须是一个组织的领导者，有权力调动这个组织的架构，才能够保障架构的执行。

但在国内的很多公司，架构师往往没有组织权力，只是架构建议者的角色。

架构师需要用技术来实现架构，就需要调配不同的开发者，进行合理的分工协作，以便更好地完成业务目标。

要想合理地分工协作，顺畅地完成软件开发生命周期，还需要对软件开发过程进行管理，引入合适的开发模型，提升大家的工程实践能力。

架构师是一个领导者，领导者有两件事情要做：完成团队目标和培养员工。

团队成员之所以愿意融入团队去实现公司目标，一个原因是可以获得报酬，另一个原因是能够获得成就和成长，能够实现个人目标。所以，架构师除了要带领大家实现团队目标，还要照顾到每个人的成长，让他体会到自己在做这件事前后的变化，只有这样，整个团队才会稳定。

……

通过前面的讨论我们可以看到，架构师的工作非常复杂！要胜任这样的工作，不但需要技术能力、架构设计能力，还需要很多的软技能，包括：

- ◆ 目标。
- ◆ 沟通。
- ◆ 协商。
- ◆ 反馈。
- ◆ 组织。
- ◆ 谈判。
- ◆ 计划。
- ◆ 培训。
- ◆ 演讲。
- ◆ 辅导。

- ◆ 管理。
- ◆ 创新。
- ◆ 规划。

想要更好地理解架构师这个角色，建议阅读《聊聊架构》和《大型网站技术架构：核心原理与案例分析》这两本书。想要了解架构师需要掌握的技术，可以阅读《亿级流量网站架构核心技术》这本书。

4.8 技术管理者

软件开发工程师在执行层面做事，需要亲力亲为，专注在如何完成好执行层面的任务。

例如公司要做一个短视频的 APP，让小黄做登录模块，小黄就去研究用户注册流程、如何支持微信、微博等第三方登录，然后再编码并实现。

技术管理者着眼于通过领导、组织、协调、管理等手段来驱动他人达成目标，他们更看重的是如何通过他人完成工作，而不是自己亲自做执行层面的事。

管理者除了带领大家完成团队目标，还有一大任务是培养下属。只有一个人在一个团队里能够获得个人成长，他才可能持续地做下去，所以，培养下属是管理者必须要做到位的事情。

开发和管理这两个角色有非常大的不同，从开发到管理，并不是自然的职位序列进阶，而是一种职业的转型，所以，我们有必要好好理解管理角色。

4.8.1 管理者必须要外向吗？

有些开发者觉得自己性格内向、不擅说话、不善于委派工作，还不好意思让别人干活，担心自己做不好技术管理，当了管理者后无法完成工作目标；同时还觉得自己不知道怎么辅导别人、培养别人，又担心别人不服自己，不和自己合作。于是就想做又怕做不好，各种纠结。

但实际上，管理者不一定是外向者，内向者也可以成为很好的管理者。肯尼迪、李开复、奥巴马、丘吉尔，他们都是内向者，但他们都是很棒的领导者和管理者。

据统计，约 40% 的领导者实际上属于内向型性格。在软件领域，更是有大批内向的管理者，比例甚至超过 40% 。

老陆（《DirectShow 开发指南》和《DirectShow 实务精选》两本书的作者）是某知名视频网站的研发总监，负责 PC 端产品研发团队，管理做得相当出色。

我们初次见面，他和我一样有些拘谨。聊天时，明显可以感觉到他话不多，三思而后言，偶尔沉默，情绪内敛，不大外放。通过这些表现可以看出他是个内向的人。我在写作《程序员的成长课》一书时，专门和他确认了这点。

我也是一个内向者，更愿意把注意力和能量放在内部世界，偏好精神活动，喜欢先思考再行动，相对来讲比较沉默，看起来没那么热情。我偏好小范围的活动，害怕成为注意的焦点，是慢热型的。到一个新环境，或者就任一个新职位，总是需要比较长的时间来适应。但是我在 2009—2015 年一直做研发管理工作，有时会管理 40 多人，也可以胜任。

由此看来，即便你有点内向，依然可以尝试去做管理者。因为管理者不是天生的，是可以培养的，管理和沟通都是技能，技能都是可以习得的。只要你掌握一定的方法，通过练习就能胜任管理岗位的工作。

4.8.2 管理者没那么轻松

很多开发者羡慕管理者轻松、钱多、职位高，因而想做管理者。但实际上，一个管理者要想做好，并没有那么轻松，甚至非常困难。

从表现上看，优秀的管理者应当做到以下 4 点。

① 下属可以各尽所能并得到成长，个人目标可以在实现团队目标的过程中得以实现。
② 下属信任你，愿意跟着你干。
③ 实现团队目标。
④ 上司信赖你，愿意把团队交给你管，愿意把复杂的事情交给你的团队去做。

这 4 点没有一点是轻松就可以做到的。你看到某个管理者轻松，他要么没做到这几点，要么是把自己的努力、用心、辛苦包裹了起来，故意表现出举重若轻的样子。

以第①点为例，你要想让下属各尽所能并有所成长，就需要认真、细致、用心地做四方面的事情。

① 了解下属。需要了解每个人的性格、能力、知识水平、技能、优点、缺点，还有他们为什么在这里工作，在这里求什么。
② 拆解团队的目标，形成粒度较小的任务。
③ 结合团队成员的个人能力和目标，把任务匹配到个人，形成个人的绩效目标管理表格（MBO）或者 OKR 表。
④ 及时给予下属反馈。

我们只看"了解下属"这一点。

你要了解一位下属，就需要寻找各种机会，经常性地和他沟通，例如吃饭、闲聊、讨论技术等，还要定期一对一地深度沟通，让他觉得自己是受重视的，是特别的，这样他才可能信任你，打开心扉，给你看更多的东西，你才能了解他。

这是非常困难的一项工作，大部分技术管理者在这方面做得都不好——他们只关注程序员有没有完成任务，不关心程序员这个人，把程序员当作资源来看待。类似"哎呀资源不够，再招两个程序员吧"这种说法常常挂在某些管理者的嘴边。

《代码之道》一书中说："成为一名优秀的管理者，所有你要做的就是确保你的人能够工作，并且把他们当人（而不是资源）去对待。"

这话之所以被强调，其实是因为，关注人，真正做到关注某个人、关心某个人，真的是非常艰难的事情。

但反过来讲，如果你不真正关心一个人，就很难了解他，就很难委派合适的任务给他，就很难让他在完成工作任务的同时实现其个人目标。长此以往，这个人一定会感觉糟糕——因为每个人都希望自己是特别的，都希望得到领导的认可和赞赏，都希望能够在一个地方获得成长，而他从你这里得不到！

接下来，这位感觉糟糕的人，有机会就会离开。

如果持续这样下去，你的团队就没有积极性了，产出率就会降低，就很难完成公司目标，就会陷入恶性循环。

如果看了我说的各种困难，你还是有志于管理好一个团队，认为自己可以创造一个能让大家各尽所能的环境，在实现团队目标的同时，也能让每个人都得到成长，那么，你就可以考虑向管理岗位进军了。

4.8.3 常见的技术管理岗位

常见的技术管理者类型如下。

◆ 技术主管（经理）、小团队负责人（技术 Leader）。
◆ 项目经理。
◆ 研发部门经理。
◆ 研发总监。
◆ 研发副总裁。
◆ CTO。

本小节我们介绍一下技术主管、项目经理和研发部门经理，更高级别的暂不涉及。

在大公司中，技术主管、项目经理往往是分开的，一个偏重技术层面的管理，一个偏重项目本身的管理。小公司往往是合一的，既要管技术，又要管项目。技术主管和项目经理往往是随项目而生的，具有可变性，不是固定的职位序列。可能这个项目张三是项目经理，王二是技术经理，下个项目李四是项目经理，赵六是技术经理。

研发部门经理往往是一个研发部门行政意义上的职位，负责这个部门整体的技术、项目和人事管理。在有些公司中，研发部门经理会在开发项目时参与项目管理，此时则可能身兼技术主管、项目经理、研发部门经理三个角色。

技术主管和项目经理，往往是通向研发部门经理的台阶。

4.8.4 技术管理者的职责

我们先了解技术管理者都要做些什么，由此就可以看到他需要什么能力。

怎么知道技术主管、项目经理、研发部门经理要做什么呢？这里有三种途径。

① 公司内的职级说明。
② 招聘信息的岗位职责和工作内容说明。
③ 向技术管理者咨询（即生涯人物访谈）。

技术主管、项目经理和研发部门经理的职责可以分为三类。

1. 技术管理职责

◆ 技术方案评估与选择。
◆ 关键技术决策。
◆ 工作量评估。
◆ 任务分解。
◆ 委派任务。
◆ 代码规范管理。
◆ 代码审核。
◆ 技术风险识别与控制。
◆ 团队技术能力管理。
◆ 关键代码实现。
◆ 技术督导。
◆ 技术培训。
◆ 售前或售后技术支持。

2. 项目管理职责

◆ 项目中的人员管理与调配。
◆ 项目计划制订。
◆ 研发任务管理。
◆ 项目进度管理。
◆ 协调沟通。
◆ 教练指导。
◆ 复盘总结。
◆ 组织间接口协作（测试、产品、需求、市场、销售、售前、售后、客户）。

3. 人事管理职责

◆ 招聘面试。

◆ 解聘。

◆ 人员调配（包括调度、任免、角色安排）。

◆ 资源协调。

◆ 绩效考评。

◆ 职级评定。

◆ 薪水调整。

◆ 管理制度评估。

◆ 人员预算。

◆ 财务预算。

技术主管的职责偏重第 1 部分，项目经理的职责偏重第 2 部分，但有时也会有交叉。例如技术主管有时可能会兼管项目进度和计划跟踪；而有些团队只有项目经理而无技术主管，此时项目经理也需要负责方案选型、技术决策、工作量评估等工作。在很多规模较小的公司，技术主管和项目经理往往是合一的。

注意，研发部门经理其实对其所辖部门的每个项目都负有责任，所以他往往是上面几种职责汇聚一身的。

4.9 技术 Leader：技术和管理哪个重要

不少人的技术管理之路是从技术 Leader 开始的，因为技术比较好成了高级开发者，在团队里位置比较重要，上司开始让你带人、带小项目，你就成了技术 Leader。

成了技术 Leader 的开发者，往往会遇到一个经典的两难问题。

如果我花大把精力在管项目、培养人上，我就没时间维持技术优势，如果我在技术上不能做到最强，我怎么管人，怎么带人？如果我聚焦技术提升和影响力，就会忽略团队管理，整体绩效就很难保障，怎么办？

简言之，对于技术 Leader 来讲，技术和管理究竟哪个重要？

其实这个问题并没有标准答案，而是和个人的职业发展倾向有关的。

你是想做一个拥有领导力的"技术咖",还是想做一个带技术背景的管理者?

4.9.1 技术咖

假如你的目标是"技术咖",我技术很牛,能解决复杂问题,我自己动手解决问题很有满足感,同时我喜欢大家依赖我,喜欢别人因为技术追随我。那对你来说,创造并不断提升技术影响力自然是最重要的事情。你肯定要留一部分核心的事情、有难度的事情给自己,这样你才能保持有难度的实践,不断提升自我。

打个比方,此时你就像外科医生团队中的主刀医生,需要冲在最前线,亲手做最重要的事情,主导整个手术。

4.9.2 管理者

假如你想做一个带技术背景的管理者,沿着管理的台阶不断往上走,你的目标是"院长"而非主刀医生,那你就必须要会带人。

只有把下属培养起来,承担重任,你才能解放自己去做更高级别的事情,例如把握大的技术方向、规划产品、调配资源、进行计划管理等。

也只有这样把自己当作催化剂,"点燃"他人,通过团队来完成工作,团队的整体绩效才会好。团队绩效好,你才有可能往上走。而且,你的下属中有人能顶上你的位置,这样你才可能晋升,否则,你的下属各方面都不如你,替代不了你,那你的上司就没办法给你升职,因为你的工作找不到人来替换。

所以,如果你纠结于偏重技术还是偏重管理,就先搞清楚未来三五年,你希望自己是什么角色。

最后,推荐 4 本书:《程序员的成长课》《成为技术领导者》《横向领导力》和《带人的技术:不懂带人你就自己做到死!》。

4.10 开发者的两种修炼

开发者的工作效果是以"是否解决问题"来衡量的。

解决问题，很多时候都需要靠技术能力。

例如用户要求网站页面打开时间小于 1.5 秒，你就必须通过技术手段来解决。

再例如公司要求 Android 智能手机的开机速度小于 10 秒，你也必须通过技术手段来解决。

此时用到的技术能力，就是"硬技能"。

硬技能是指在专业领域、与工作直接相关的技术性技能。例如软件开发领域，"使用 C++ 进行驱动编程"就是一种硬技能。

硬技能对你做的工作非常重要，但往往受限于工作环境，不大容易迁移，所以某种硬技能往往不是大多数人都会去学的东西。

还有的时候，问题的解决需要靠沟通、协调、演讲、反馈、写作等软技能来完成。

例如客户抱怨说"系统很难用，不符合他们的要求，拒绝付款"，销售人员就来找开发，逼着开发把系统搞得好用点。

开发人员很清楚，系统就是按照客户要求开发的，验收时客户也很满意，不可能不好用，于是开发只能去客户现场观察，通过和客户的沟通，发现了症结所在——使用系统的新手总是找不到想要的功能按钮。

了解到这个症结之后，开发人员为客户组织了一次现场培训，问题很快解决，接下来开发还编写了一份 FAQ 给客户，客户非常满意。

在这类问题的解决过程中，所用到的观察、沟通、培训、文档编写就是"软技能"。

软技能是与硬技能相对而言的，指那些应用更广泛、更普遍的技能，无论你在生活和工作中，它们都可以帮助你，例如学习、练习、沟通、复盘、写作、游泳、谈判、演讲、反馈、激励等。软技能往往可以在不同的工作环境之间迁移，所以它们又被称为"可迁移技能"。

某些关键软技能的缺失会导致你无法很好地修炼硬技能。

还有一些时候，问题的解决要靠资源。

例如你所在团队的技术储备以 C++ 相关技术为主，现在你们要开发一个网站，没有懂网站开发的人员，怎么办？

自己学、借调、招聘、外包，选哪种方式？

如果你和公司负责 Web 开发的经理很熟，打个招呼就能借个人过来；如果你认识靠谱的愿做兼职的人，那问题也能分分钟解决。

这两种解决问题的方式靠的就是"关系资源"。

资源往往是经由硬技能和软技能的展示和应用，慢慢发展、累积出来的。你缺乏硬技能和软技能，就很难建立自己的"资源池"。没有资源池，就很难解决高复杂度的问题。

硬技能、软技能和资源有机地组合在一起，构成了开发者的综合能力。

我们在这本书中会分开来讲硬技能和软技能的修炼。

硬技能的修炼，对开发者来讲就是技术的修炼。

软技能的修炼会遵循 3 个步骤。

① 意识，即从内心认识到某一项软技能对自己很重要，产生了修炼的动力。

② 方法，指某种软技能的结构和招式，例如反馈、沟通、演讲这样的软技能都是有框架和方法的。介绍方法和框架的书籍很多，例如《非暴力沟通》和《所谓情商高就是会说话》这两本书就非常值得一看。

③ 练习，要学会一种软技能，必须有大量的实践练习，例如你想学会表达感激，例如你想学会写作，这都需要有意识地、系统地、持续地练习。这方面请阅读《刻意练习》这本书。

找到动力，学习某种技能对应的方法和框架，再经过反复地、有效地练习，我们就能习得某种软技能，将其变成我们自身的能力。

　　本书对软技能的介绍着眼点在于职场中的思维和工作方法。

　　如果你想找一本针对开发者的软技能修炼指南，我推荐《软件架构师的 12 项修炼》这本书。

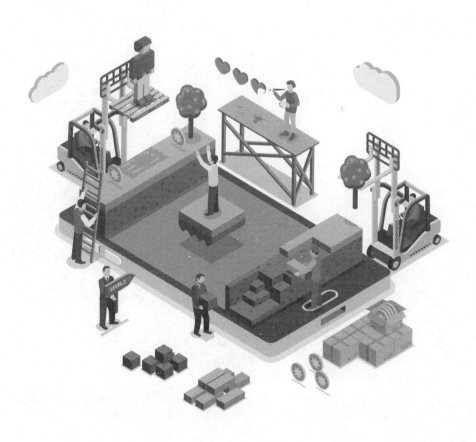

第 5 章

技术成长指北

对开发者来讲，有一个特别之处，就是必须先具备一定的技术能力，能够通过扎实的技术和思维来解决实际工作中的问题，跨过普通开发者这个阶段，然后才可能沿着开发者的职场路径继续前行。

所以，本章我们专门来讲开发者如何修炼自己的硬技能，即技术能力。

5.1 技术成长三阶段

在讨论技术成长时，我经常提到下面这张技术成长阶段图：

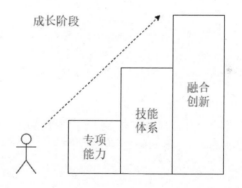

在这张图上，我们把技术领域内的成长分为三个阶段。

① 专项能力的提升。
② 技能体系的构建。
③ 融合创新。

进入某个技术领域的开发者，可以分两种情况，一种是刚入行的，也就是我们前面所说的普通程序员；另一种是新学一种技术的熟练开发者。后者可能会很快度过 1、2 两个阶段，因为技术是相通的，使用 A

技术积累的经验和思维可以迁移到 B 技术，帮助你更快地掌握。

接下来我们的讨论面向刚进入软件开发领域的普通程序员。

5.1.1 初级阶段：专项能力的提升

专项能力提升阶段是初级阶段，你为了完成任务，必须先具备某些基础能力，例如某种编程语言（Java、C++、Python、JavaScript等）、某个 IDE（Visual Studio、Qt Creator、Android Studio、Eclipse、WebStorm 等）、某种技术框架（Netty、Qt、SSH、MyBatis、AngularJS 等）。

这个阶段最重要的就是提升专项能力，让自己能够迅速完成一些别人安排给你的任务，体现出你的价值。

在这个阶段，最起码要达到下列水准。

◆ 能理解并完成别人分解好的子任务。
◆ 能自己完成一个功能模块的开发。

以前端开发者为例，在这个阶段你必须能将从 UI 过来的某个页面原型转换为可运行、可操作的真实 Web 页面。例如登录页面、商品详情展示页面，要能做到实现可视化页面和业务逻辑跳转。

以 Android APP 开发者为例，在这个阶段你必须能完成登录、支付等功能。以 APP 的登录功能为例，你要能使用特定的布局和组件实现自适应的登录界面，还要能使用类似微信、微博等第三方账户的SDK，实现第三方账户登录。

你可能很难自己设计一套完整的登录功能（包含口令加密、单点登录、Cookie 使用、验证码、密码找回、第三方登录、多终端同步、用户数据存储等），但是当熟练开发者或者高级开发者完成了设计，把某个小功能分配给你的时候，你要能够理解这个设计，并将这个设计实现出来，使其能够和整个登录系统整合在一起并正常运转。

当你能够完成这些任务的时候，你的专项技术水平起码是这样的。

◆ 能熟练搭建需要的开发和测试环境。
◆ 熟悉所用编程语言的基础语法，有这门语言的知识地图，熟悉该语言本身的各种基础功能，了解这门语言的高级功能。

◆ 能调用已有技术框架的 API 来实现特定功能。

◆ 能在实现同一功能的多组 API 之间选择合适的那一组。

◆ 能熟练使用开发环境和各种辅助工具进行调试。

◆ 可以解决易复现的、逻辑简单的软件 Bug。

◆ 能自主学习某个新框架的基础 API，能参考 DEMO 完成某个功能的基本实现。

我的总结可能不完善或存在 Bug，请大家指正、补充。

我想到一个身边的例子，刚好和我们讨论的这个话题契合。

有一次和朋友 G 聊天，他说他部门有位做前端开发的程序员 X，一直在用 jQuery 实现各种页面，代码冗余，结构凌乱。Vue.js 出来后，G 想在新版本中使用，就安排 X 学习 Vue.js，让他参考公司产品某两个页面的功能和布局，简化设计，做两个带异步数据请求功能的页面出来看看效果，结果一个星期过后，X 告诉 G，Vue.js 太复杂，开发文档看不明白，代码也搞不懂，进行不下去了。

如果你像 X 这样的状态，就说明你还停留在普通程序员阶段，只能在他人指导和安排下编码实现特定的细分功能。你充当的角色是"执行的手"。

当我们刚刚从学校毕业开始做开发，或者刚从别的跑道转换到开发领域，就处在这个阶段。

这个阶段持续的时间长度因人而异，可能会是 1~3 年。如果超过 3 年，还没有进入下一个阶段，那你的成长速度就需要提升了。

5.1.2 中级阶段：技能体系的构建

这是中级阶段，你拥有了一组技能，围绕某个方向构建了自己的知识图谱，能够用自己的方式来解决问题。

例如你使用 Java 语言做后台方面的开发，你的技能体系可能由 Java、MyBatis、Spring、SpringMVC、Netty、MySQL、Python、Linux 等组成。此时你在团队中应该已经可以独立负责某个模块，能够完成模块的设计和开发工作，也能够指导初级阶段的同事进行开发。此时你实际上已经完成了第一次跨越，成为一个熟练开发者。

你可能需要两三年，经历两三个项目才能慢慢构建起自己的技能树，然后还会在这个阶段待上一两年，不断练习你技能树中的各项技能。所以，当你能够拥有一棵强大的技能树时，距离你从事开发工作可能已有 5~8 年了。

假如你超过这个年限，用过的技术还是散乱的，东一榔头西一棒槌，不能有机组合在一起，那你的开发经验和能力肯定是大幅落后于你的工作年限。换句话说，就是你可能把一年工作经验学到的知识、技能机械地重复了几年，没有获得应有的成长，你还停留在一个普通程序员的阶段。

5.1.3 融合创新

这是高手阶段，你具有了丰富的实践经验，具备了 T 型知识结构，形成了自己的思维框架和解决问题的框架，能够融合不同领域的知识，组合各种资源，创造性地解决各种问题。

进入这个阶段非常重要的一个标志就是，你遇到问题不再从下向上去思考（即从技术实现细节来考虑问题好不好实现、拿技术去裁剪问题或定义问题），而是从实现细节跳脱出来，站到更高的层面，自上向下去思考、去分析，先运用框架、逻辑去分析真正的问题是什么、问题的目的、问题的现状、如何去解决。搞明白了这些之后，你才会沉降到技术层面去考虑实现的方法，而且实现时，你也不会拘泥于某种技术，而是适合用什么技术（你的目的不是用 Java 或 Redis 解决问题，而是解决问题）。简单来说，你走出了被技术束缚和塑造的过程（前两个阶段），可以反过来回到问题本源来思考了。

我们沿着技术成长三阶段修炼时，其实就是沿着"普通程序员、熟练开发者、技术专家与构架师"这样的序列在攀升。

在一开始的时候，我们的角色是"执行的手"，掌握一些专项技能，完成别人安排给我们的任务。

因为不断完成任务，不断做项目，我们接触、使用了各种各样的"知识点"，于是拥有了各种离散的知识，但这个知识和那个知识很少关联，我们拥有的知识是散兵游勇，如下页上图所示。

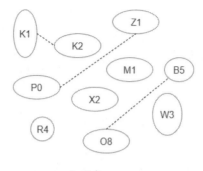

知识点

当我们的知识点各不关联时，遇到问题就很难进行系统思考，就很难获得解决办法。所以，此时的我们就总是要不断地"问、问、问"比我们高一级的、比我们资深一些的开发者。这些开发者往往拥有自己的知识体系，如下图所示。

知识体系

因为他们的知识体系是围绕着某个应用场景构建起来的，所以当我们所问的问题和他们的知识体系对应的场景相关时，他们就可以快速找到相关的知识，系统地分析问题，最终解决问题。

是否拥有知识体系，可以把熟练开发者和普通开发者区别开。也正因为有了以应用场景为中心的知识体系，熟练开发者才能够独立负责一个模块或子系统的设计和开发工作，拥有分析问题、解决问题和任务分解的能力，才可以分配任务给普通开发者。

好啦，现在我们知道，从技术的角度讲，普通开发者和熟练开发者的一个关键区别就是：普通开发者的知识不成体系，而熟练开发者构建了与某个应用场景相关的知识体系。

这样看来，普通开发者要想进阶，方向就非常明确了：构建自己的知识体系。

那么，怎么从一个普通的开发者，慢慢"修炼"出知识体系，成为熟练开发者呢？

先让我们来看一下知识体系的定义。所谓"知识体系"，就是若干相互联系的、可以用来解决特定场景问题的知识的组合。

由定义可以看出，知识体系包括两个关键要素。

① 专项知识。
② 组织结构。

所以，对应的修炼，也会分成两个部分。

① 在开发过程中修炼专项能力，积累专项知识。
② 梳理整合各种知识，将它们组织在一起形成知识体系。

这两个部分的"修炼"，在工作中可能是交融在一起的，例如你在做一个项目的过程中，可能一边学新知识，一边将其整合进自己的知识体系。但从逻辑上讲，这两件事是有先后顺序的——积累专项知识在前，梳理整合纳入知识体系在后，如下表所示。

新知识	与知识体系整合	新知识	与知识体系整合	新知识	与知识体系整合	……

鉴于这一点，我们接下来就分开讲述专项知识和组织结构的修炼方法。

5.2 专项能力修炼

优秀开发者的工作和学习过程如下图所示。

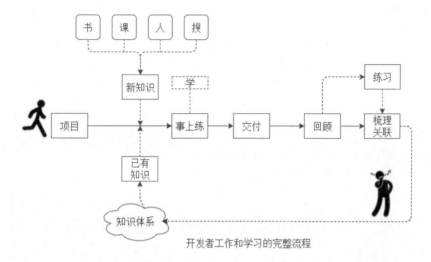

开发者工作和学习的完整流程

开发者很少有专门的时间用来学习，而是通过做项目，在项目中上磨炼，做完项目，回顾、梳理、更新知识体系这样的方式，不断成长。

在这个过程中，有两个阶段是修炼专项能力的关键，如下图所示。

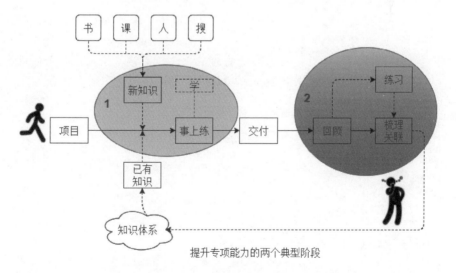

提升专项能力的两个典型阶段

一般的开发者往往只有第 1 个阶段，即摸爬滚打完成项目的阶段。

而积极主动的开发者往往会在项目交付后进入第 2 个阶段，进行回顾，必要时重新做一些练习，通过回顾和练习梳理项目中用到的知识，把各种知识关联起来，纳入已有的知识体系中。

有了阶段 2，工作和学习的过程才能形成完整闭环，知识体系才能更快、更好地构建起来。否则，只有阶段 1，你就会长时间陷入"被动完成工作，不停做项目却收获甚微，成长缓慢"的泥淖里。

实施阶段 2，更多的是一个意识转变的过程。一开始你需要有意识地去采用一些办法（例如使用待办事项列表）来督促自己去做这些事情，当你做上几次养成了习惯，再做新项目就会自然而然地去做这些事情。到了那个程度，阶段 2 就会像刷牙洗脸一样自动执行，不断帮你更新完善知识体系。

介绍了阶段 1 和阶段 2，现在我们来看如何修炼专项能力。

一门编程语言、一个技术框架，其本身的知识层次会有深浅。在学习时，存在先后顺序和一般性规律。根据这种深浅层次和一般性规律，可以把针对某个技术框架的学习过程分成三个层次。

① 基础层：了解基础 API，基于 API 开发实现简单功能。
② 进阶层：熟悉内核及原理，了解框架的设计原理。阅读源码，洞悉内在机理，能够熟练地、更好地使用各种 API 及其组合开发相对复杂的功能模块。
③ 改造层：针对框架已有功能的不足进行完善、优化，或者使用框架提供的机制扩展框架功能，或者对框架进行定制，使其适合特定情境。

我比较熟悉 Qt，Qt 应用开发框架三阶段的划分如下页图所示。

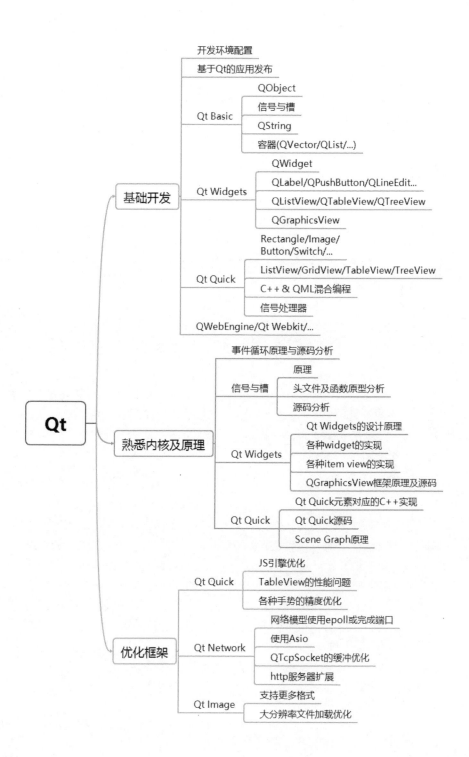

多数技术框架通过分析，都可以划分出类似上面的知识层次和学习阶段。如果你自己划分不出来，也可以问身边的高手或者在网络上检索相关文章。

接下来，我们就以技术框架学习的三个层次为例，结合在项目开发中学习的两个阶段，介绍如何修炼专项技术。

5.2.1 基础层

刚入行的开发者接手任意项目都处在这个层次；熟悉某一技术方向的开发者，进入一个使用新技术新框架的项目组，也处在这个层级。

在这个层级，要做下列事情。

- 知道用什么、学什么。
- 了解某个知识点、技术点怎么用，记住关键 API 或模块的名字。
- 做一些小的练习和测试，体会这些知识点、 API 的效果。
- 按别人的指点或设计，先完成工作，时间不允许就不追根究底。

下面稍稍展开描述一下。

1. 知道学什么

有一定经验的开发者可能会利用已有知识和经验做一些研究，能够搜集到实现某个功能要用的知识点和技术点。而缺乏开发经验和知识积累的新人，在面对一个新任务时往往是迷茫的，不知道要用什么实现，也不知道要学习什么。

这个时候最可靠的方法就是："问人"。鼻子底下就是"路"，别让不好意思害了你，只管去问"老司机"，尤其是安排你任务的"老司机"。问出来要学什么，你就可以开始做事情了。假如你请教的对象很资深，和你层级差距、知识差距太大，因为他已经忘了当初自己怎么走过来的，不大可能体会你一问三不知的惶恐，很可能只给你一句话："这个很简单，角色和权限分开做就好了"。这样的话，你听了和没听差不多。遇到这种情况，要么继续问，要么你在问之前就做一下选择，找那个比你高一个层次或者刚走过你这个层次的同事去问。

当你知道要学什么了，就可以通过买书、上课、网络搜索技术文章、培训等各种方式快速学习起来了。

记住，领导很少会给你时间让你专门去学习，你需要自己抽空去学。早上上班前、中午午休时、晚上下班后、周末休息时都是可以利用的时间。我刚转做开发时，什么都不懂，白天在单位写代码，晚上回家看书、学MSDN、用 VC 写各种小 DEMO，几乎所有业余时间（除了陪女友），都用来补课了。也正因为那将近一年的持续投入，我才能迅速跟上团队的步伐。

2. 了解用法，记忆关键词

很多人会觉得现在的 IDE 都那么智能了，你输入一两个字母，它就能给出提示，你只要选择一下合适的关键词就可以了，没必要记住各种 API。

我很不赞同这种说法和做法。

你不知道 CreateWindow 这个 Win32 API，你怎么输入Create，然后等待 Visual Studio 的智能提示？

你不知道 LinearLayout，你怎么可能在 Android Studio 中输入 Lin，然后等待它的提示？

有些你看不起的"笨功夫"一定不能省！对于编程来讲，你省去了记忆关键词这一步，你就：

- ◆ 不知道如何在 IDE 中输入开头那几个字母，就无法利用 IDE 的智能提示。
- ◆ 不知道在网上搜索问题时用什么关键字。
- ◆ 无法建立起关键词和功能特性之间的关联，在遇到问题时就无法第一时间反应并分析。

我在"信利"时有一位同事跳槽去了腾讯，时隔两年还在 QQ 上问我某个 Win32 函数怎么拼写，这仅是因为他和我一起工作时想起要用什么特性，我都能说出对应 API 的名字。

记住关键词和与它关联的功能特性，就是曾国藩训练湘军时的"结硬寨"，是硬功夫，绝不能省。

中国近代著名政治家、战略家曾国藩训练湘军，"结硬寨，打呆仗"，最终打败太平天国成为一代"中兴名臣"。

曾国藩所统率的湘军很重视扎营与守营，每到一处便修墙挖壕、安营扎寨、步步为营，将进攻任务变成防守任务，一点点地蚕食太平天国所控制的区域，步步为赢，是为"结硬寨"。

3. 练习与测试

珠峰的攀登者都会提前几年开始训练。跑全马的选手，也会提前一两年做渐进式练习。熟练的演讲人，在演讲前还要写稿、小范围反复模拟……

在很多领域要做一件相对复杂的事情，参与者都会先做各种练习和准备。可唯独编程开发反其道而行之，无论开发者是否具备相应的知识、有没有用过某种技术，都会直接加入项目组开始做面向用户的产品。

这样导致的结果就是，一方面这些缺乏相应知识、技能的开发者频繁返工，导致进度滞后；另一方面产品代码漏洞百出质量糟糕。

所以，如果你有"做得好一些"的意愿，最好是在正式动工做项目之前，先把要用到的知识、技术练练，自己设计一些小 DEMO（可以根据目标产品的设计做简化），实际测试那些模块、API 的效果。如果你自己设计不出来，那就把 SDK 中相关的示例拿出来运行，参照着做一个自己的，练练手；或者在网上搜索某个 API 的用法，看看有没有其他开发者分享自己的 DEMO。

4. 先完成工作

开发者的工作是要交付的，要以目标为导向，优先交付可运行的软件。

在这样一个指导原则下，如果你是一个新人，需要注意两点。

① 先接纳"老司机"的设计，按照要求先做出来。别人那么设计，一定有其道理，你"段位"不到，不要自以为是地去怀疑。
② 先把技术框架当黑盒，你只要搞明白怎么调用、有什么效果，就可以很好地完成别人安排给你的任务了。

如果你是一个经验丰富的"老司机"，进入了一个采用新技术的项目组，也要：

◆ 先肯定别人设计的可取之处，然后再结合自己的经验去分析、讨论，看看有没有更好的设计选择。因为很多技术本身就有应用场景和设计原则，虽然你对另一种技术很熟悉，但并不代表你建立在那种技术上的经验和认知可以直接套用在新的技术上。

◆ 遏制住"我很厉害，一定要先搞清原理再来应用"的想法，先把技术框架当黑盒，用它完成工作。有时间再去探究 API 和框架背后的秘密（这是学习阶段 2 可以做的事情）。

我强调先完成工作，但也请注意，如果完成工作用的知识、技术是你想要深入学习的方向，那么请千万不要忘了回顾过程，在有时间的时候，去深入学习你用到的知识，并且把它们纳入你的知识体系。

5.2.2 进阶层

你使用某种新技术做过几个项目后，对各个模块的功能特性和基础 API 应该都比较了解了。这个时候，应该对自己有进一步的要求，要去了解 API 背后的原理和思想。否则，你对一种技术永远不可能精通。

注意，每个开发者都有自己深耕的方向。如果当下所用技术只是临时性地用来解决一个问题，和你的主干方向关系不大，你自己又无意基于它发展出新的技能树，那不必深究。

在这个阶段，你需要做下列事情。

◆ 通过 SDK 文档、源码、图书等了解已掌握知识的原理。例如你用 Qt 的信号与槽，那就要了解信号和槽是怎么连接的、信号触发时经历了什么样的调用序列才抵达了槽、跨线程的信号触发时发生了什么事情。要了解这些，一方面你需要认真研读帮助文档，一方面还需要你研读相关模块的源码，做到通过源码更好理解外部组件行为的程度（此时达不到修改源码的水平也没关系）。

◆ 了解关联 API 和功能特性。例如你使用 CreateWindow 创建了一个 Win32 窗口，那么和这个 API 关联的还有什么？ CreateWindowEx、SetWindowPos、MoveWindow、SetWindowTitle、RegisterClass、WM_CREATE、WM_NCCREATE……可以查看 MSDN，每一个 API 的文章里都

有 Remarks 和 See Also 章节，那是我们延伸触角进一步学习的入口。每一种技术——Qt、Node.js、Android，它们的文档中都可以找到类似的章节。

◆ 自己设计 DEMO 来验证用过的知识点和关联知识点。这是我们熟练手艺的过程，在修炼基础层时，我已经强调过练习的重要性。你知道一个知识点，"哦"一声，"懂了"，这根本没有！只有你能够用起来，写出代码，跑起来，做出可运行的东西，解决某种问题，才是真的学到了。

◆ 设计有实用功能的项目，借此梳理、整合用过的知识。

有的项目对某种技术的使用要求较高，可能你必须要了解原理、思路后才能用起来，这时项目本身就给了你机会去学习接口后面的设计和思想。这时你就赚到了。

然而，很多应用型的项目，其实只使用某种技术的基础特性就可以完成，此时因为时间紧张的缘故，大部分开发者赶着完成任务，没空做这些"进阶"的事情，等项目结束了，又觉得"完事大吉、想那么多干什么、自己找罪受"，所以就忽略了进阶的机会。久而久之，一时的懒惰导致我们对大部分用过的技术都停留在基础层，这真是非常可惜的事情。

如果你在开发过程中无法在某种技术的学习上进入进阶层，那一定要自己抽时间去完成这个工作。因为只有你做了这些事情，才有可能更好地成长，才能跳出只会简单调用 API 的庞大群体，在开发之路上走得更远。

2009 年下半年我开始用 Qt 做开发时，和我一起使用 Qt 的人有两三个。我利用工作闲暇和业余时间持续性地做进阶层修炼，一年之后，我的团队，每个使用 Qt 的人有不懂的 API、想不起来的特性、不理解的源码和设计都不再看帮助文档和示例，直接来问我。2014 年，我出版了讲述 Qt 的图书。

你一定要做一些有难度的事情，才能越来越有价值。

所以，我强烈建议你参照下第 95 页的图，把提升专项能力的两个典型阶段中的阶段 2 严格执行起来。

5.2.3 改造层

很多人学习一种技术，做到进阶层就认为是"精通"了。但实际上，只有做到改造层才配得上"精通"二字。

要进行改造层的"修炼"，首先你需要多给自己分配一些角色，例如框架设计者、框架测试者、最终用户等，这样你就有了一个角色组合。

◆ 框架使用者。
◆ 框架测试者。
◆ 框架设计者。
◆ 最终用户。

给自己这么多角色的原因是：让自己可以从多个视角来审视你所用的技术框架，发现它的不足和不完善之处，选择优化的方向（现实中有太多开发者会在使用某个框架后，不知道接下来该怎么深入学习，找不到方向）。

例如，你作为 Qt 应用框架的使用者，想在嵌入式设备上使用 5.5 版本中的 Qt Quick 来打造流畅、绚丽的界面，可是你的设备不支持 OpenGL， Qt 5.5 的 Qt Quick 没有 OpenGL 无法运行。这时你就可以选择实现一个基于 Frame Buffer 的适配层或者扩展 Qt，直接加入一个 2D Renderer（5.7 版本有了）。

例如，你从自己的"用户角色"出发，想要自己使用的 APP 有 Material Design 风格，而你的 APP 是使用 React Native 开发的，那么，转换到"框架使用者"的角色你就会发现。自己需要一套针对 React Native 的 Material Design 风格组件。这时你就需要再转换到"框架设计者"的角色，来考虑如何引入这个新的组件，是作为 RN 的内建组件，还是扩展模块……（现在 GitHub 上已经有好几个 MRN 相关的开源项目了）

改造层的修炼可以这么做：

◆ 看看所用技术框架有无待改进或扩展的地方。从四种角色，切换视角，慢慢发掘。
◆ 仔细阅读待改进的源码，弄明白相应模块的代码实现和其反应的业务逻辑。此时对源码阅读的要求就和进阶层不同了，进阶层是通过源码理解组件，改造层"修炼"的目的，通常是为了修改，要修改就不单要吃透原有逻辑，还要能改变或者引入新的逻辑，这是更高的要求。

◆ 尝试改进或扩展。当你要实施改进或扩展时，往往还要了解 SDK 开发环境，熟悉相应的编译工具链、项目结构，这样你才能把自己要做的东西加进去。例如，你要为 WebRTC 添加外部的视频编码器，就需要熟悉 gn ninja 和 WebRTC C++ 代码的组织结构。

◆ 设计 Demo，应用你的改进或扩展，检视效果。

如果你在某个技术框架上能完成改造层的修炼，那你十有八九会成为这个技术框架的专家，你周围的人会拿各种各样的问题来请教你，渐渐地你就会在这个技术方向上有比较大的影响力，大家一说到某种技术，就会第一时间想到你——某某技术很牛。甚至你还可以在网络上通过"分享、输出"，超越公司、地区的限制，建立更大范围的影响力。但，这是"结硬寨、打呆仗"之路，必须有持续行动的准备，耐得住孤独的旅程。

5.2.4 专项能力和知识体系的关系

专项能力对应专项知识，专项知识的有机组合形成知识体系。

所以，我们说要通过做项目"修炼"专项能力，积累专业知识。

但这并不是说，二者有必然的先后次序。它们的关系是和知识体系的发展阶段有关的。

◆ 在我们是软件开发新人时，没有与开发相关的知识体系，需要先"修炼"专项能力，然后把专项知识和问题场景关联起来，形成知识体系的早期模样。

◆ 当我们有了简单的知识体系后，一方面会进一步在项目开发中"修炼"体系中的专项知识，把某个方向"修炼"到精通，让它成为知识体系中的大血管；另一方面，还会不断引入新的专项知识，完善、改造、更新我们的知识体系。

◆ 当我们拥有了结构化的、效用丰富的知识体系后，我们甚至可以创建新的知识，将这些新知识再经由专项能力"修炼"，重新纳入到已有的知识体系或者新的知识体系中。

5.3 构建知识体系

很多程序员今天做这个项目可能用 C++ 和 MFC ；过两天转做安卓开发，用了 Java 和 Android GUI 框架；又过一阵子，做网页去了，开始使用 JavaScript、CSS、AngularJS……

这样子跟着公司项目辗转征战，用过很多技术，却没有一样是精通的，彼此又缺乏有机关联，搞来搞去就变得什么都知道点儿，什么都不精深，个人一直没有在技术上收获足够的成长。

理想的状况应该是：先在某个方向上持续积累，有了深度之后，再向外延伸做宽度。

所以，如果你想让自己的技术水平持续、有效、快速地提升，应当静下心来，选择一个方向深耕一段时间。

这种做法的结果非常明显，你会最终成功构建与某个应用场景相关的知识体系。

当你在实践中构造并拥有了知识体系后，你就告别了普通程序员，成为了熟练开发者，内在的个人价值形成，外在的薪水也大幅度提升。

这也是我们在本章开始指出的：知识体系是熟练开发者和普通程序员的关键区别。

在"5.2 专项能力修炼"中给出过一张图。

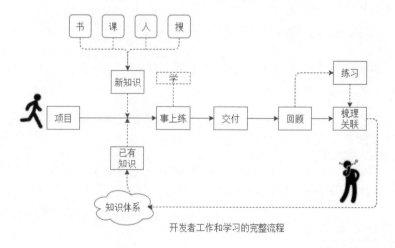

开发者工作和学习的完整流程

这张图要说明的是：开发者对知识的学习和应用是在做项目、修炼专项能力的过程中完成的。所以，知识体系的构建过程并不是显式的、用独立的大块的时间专门来做的，而是融入到项目开发进程中、"在事上磨练"的过程！

所以，请不要忘了，构建知识体系是一个实践的过程，要在项目开发中完成。

好啦，现在我们就来讲讲开发者如何构建自己的知识体系。用一句话概括是这样的：先场景辐射，再信息关联，然后梳理整合，构成以应用场景为中心的知识体系。分步骤来讲的话，有 4 个：

① 先定位，找到应用场景。
② 以应用场景为中心，全面辐射，搜集和这个场景相关的知识。
③ 对每一个知识做关联运算，找到相关知识。
④ 梳理整合，形成以应用场景为中心的知识体系。

接下来，我们逐步简要说明。

5.3.1 定位

很多开发者会直接从 Java、 C++、 Python、 JavaScript、PHP 等具体的技术中选择一种作为自己的方向，然后把自己定位成"Java 开发""C++ 程序员"……

很多公司在招人时也会这么说："我们要招一个 J2EE 工程师""我们要招募一个 PHP 程序员"……

错了！错了！错了！

这种大家习以为常的说法忽略了最重要的一个常识：技术是为解决问题而生的。

其实，你想解决的问题决定了你要使用的技术，决定了你将构建的知识体系，也决定了你将成为什么样的专业人士。

例如， Linus Torvalds 想让大家用上免费的操作系统，所以创建了 Linux 内核，而创建操作系统内核的最佳选择就是汇编语言和 C 语言。

例如， WebRTC 的创建者看到 Web 音视频通信在各种浏览器上的实现方案千差万别又复杂低效，进而想让开发者用统一的、简洁的方式来建立点对点音视频通信，提升开发效率和用户体验，所以选择了基于 Web 开发一个即时通信框架。在这样一个场景下，他要选择的语言就是 C++ 和 JavaScript 的组合，他选择技术，就要涵盖视频、音频、网络传输。

例如已逝的 CSDN 知名博主雷霄骅想解决 ffmpeg 入门和使用困难的问题，所以致力于传播 ffmpeg，那他的选择就是围绕 ffmpeg 做应用和教程，所用编程语言就是 C、C++。相关技术就是视频编解码、采集、播放。

由此可见，在选择职业发展方向时，正确的决策顺序是：

① 我要做什么产品、服务，我要解决什么问题。
② 这个产品、服务、问题需要什么技能。

所以，你在构建知识体系时请先思考一下，我要解决哪个领域的问题，然后再看看这个领域的产品、服务都是用什么技术来实现的，以这些技术作为你的方向。

我在 2005 年做的软件产品是为了让用户更快捷地使用宽带、接入互联网，产品的形态是 Windows 桌面客户端，所用语言是 C++，GUI 框架是 MFC 。做完这个产品后，我构建了 Windows 桌面客户端相关的知识体系，下图是基础版本。

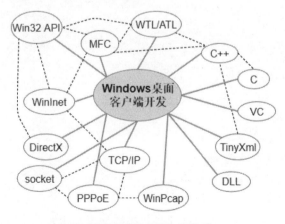

Windows桌面客户端知识体系

很多人可能会说，我根本没得选，做什么都是公司和领导定的。好，那也没关系，你可以转换下思维：我为了更好地生活和成长，选择了参与公司 X 产品的开发，选择了使用 Y 技术进行开发。

这里的关键是，无论是老板指定还是你自己主动选择，做项目积累下来的知识、技术能力、经验都是你自己的，你可以走到哪儿带到哪儿，任何人无法剥夺——除非你自己放弃成长的机会。

5.3.2 场景辐射

当我们确定了方向，就有了应用场景。这时就能以场景为中心，去寻找各种知识（材料）了。

例如，你要在 Windows 下面做一个图片浏览器，它都需要什么知识、技术呢？

◆ 文件处理。
◆ 图片格式。
◆ 图片解码。
◆ 绘图。
◆ 编程语言。
◆ 开发工具。
◆ GUI 界面技术。
◆ 网络技术。
◆ ……

不会没想到这些吧？

假如你想不到也没有关系，这里有一个框架，可以帮助你去想象。

◆ 要做的事情是什么？
◆ 这个事情（业务）以什么交互形式呈现给用户？
◆ 软件怎么触达用户？
◆ 软件如何更新？
◆ 软件需要配置吗？
◆ 需要保存用户数据吗？
◆ 用户怎么使用该软件产品？
◆ 用户的使用流程和软件代码之间如何映射？

◆ 需要后台服务吗？

◆ 后台服务如何部署？

◆ 后台服务如何根据业务量扩展？

◆ 后台服务如何更新？

◆ 后台和前台之间怎样交流？

◆ ⋯⋯

假如你无法自己使用上面的问题清单找到（这有难度）需要的知识和技术，还有 5 个替代方案。

① 搜索相应的问题，找到别人的解决方案。

② 寻找一个类似软件，并研究它。

③ 找一本相关的书，带着问题去检索。

④ 找一门问题域相关的课，带着问题去学。

⑤ 问熟练开发者或者你的领导。

写到这里来回顾一下"5.2 专项能力修炼"一节中提供的图片——开发者工作和学习的完整流程。

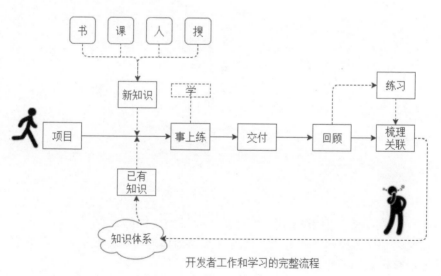

开发者工作和学习的完整流程

在这张图中，描述了我们接到"项目（任务）"后的做法：从自己的知识体系中调取已有知识来解决问题或者通过"书""课""人""搜"四种方式找到新知识来解决问题，再或者两者结合。

采用哪种方法抓取你所需要的知识都可以，关键是最终的结果：你找到了和你的应用场景关联的知识，并且在实践之后把应用场景和知识以及它们之间的关联储存在你的"记忆体"内，日后再用时可以随时调取。

注意，必须提一下，能够自己找到一个问题所关联知识的开发者，会比在别人指导下才能发现与问题关联的知识的开发者走得更远，发展得更好。因为前者拥有分析问题、解构问题的能力，也有更为丰富的综合想象力。

根据应用场景寻找关联知识的过程，类似辐射，应用场景是中心，围绕着中心散落着难以穷尽的知识颗粒，中心不断发射用于链接的光束，企图和知识颗粒建立联系。所以，我们叫这种方法为"场景辐射法"，如下图所示。

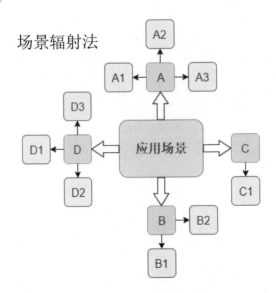

在实际的开发过程中，如果你在项目中承担的是执行角色（产品定义、用什么技术实现、怎么实现等都由架构师角色完成了），那你可能没有正式的机会去挖掘和这个项目相关的各种知识。此时，你需要积极主动一些，把别人梳理好的与项目相关的知识（技术）图谱拿过来学习，在完成本职工作的过程中，慢慢地去探索图谱中的未知领域，最终做到心中有整个项目的知识体系。

要提醒的是，千万不要让自己习惯于只关注自己负责的模块，这样下去，你永远只能承担"手"的角色，永远没机会做"脑"的角色。而只有拥有"脑"的角色，你才能在技术"修炼"的路上走得更远。

5.3.3 知识关联

我们用场景辐射法，可以找到某个知识点或知识集合，用这个知识、技术开发软件，形成能够解决问题的产品。在问题解决之后，我们就有了围绕着该问题（应用场景）形成的基础知识图谱。

但在实际开发中，我们往往只使用某种技术的某一个点，不大可能使用到它所有的特性。这样，我们了解的、掌握的知识实际上只是豹子身上的一个斑点。

我们在开发工作中，很少遇到两个非常相近的、使用的技术组合和技术点也非常相近的项目，往往是你在这个项目中用了技术 T 的 T1 知识点，在下个项目中，会用到技术 T 的 T2 知识点。

所以，系统地了解某个技术，建立对它的全景式认知很有必要。

这时，我们的知识关联法就可以派上用场了。

所谓"知识关联法"，是以某个知识为起点进行全面分析，找出与其关联的其他知识点，对新找到的知识点再重复本过程，图示如下。

知识关联法

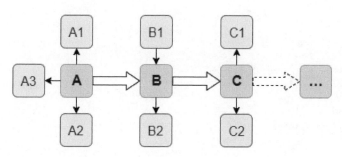

每个知识都和其他知识有关联，它可能：

① 来源于其他知识。

② 衍生出了新知识。

③ 包含细分知识。

④ 是某个较大层级知识的子节点。

⑤ 具有其他的、我们不知道的用途（法）。

⑥ 有具备相近作用的同类知识。

⑦ 可以与其他知识组合出"套件"。

这 7 种关联方式可以帮助我们从一个知识关联到另一个知识。

例如，当你想到用 C++ 开发 Windows 桌面客户端时，C++ 就是起点，C++ 本身没有 GUI 组件，但你用 Google 搜索 C++ GUI，就会搜到 Qt、WTL、MFC 等基于 C++ 衍生的 GUI 框架。

当你决定了解 Qt 时，又发现它包含 3 种 GUI 框架：Qt Widgets、Qt Quick 和 Qt WebEngine。当你留意 Qt WebEngine 时，发现相似的框架又有 CEF、Electron、LTFrame、Node Webkit……

你选择用传统的 Qt Widgets，发现又有 QDialog、Graphics View 和 QMainWindow 等选择。

你决定采用多窗口模式，选择了 QMainWindow。要与 QMainWindow 配合，则有 QToolBar、QStatusBar、QDockWidget ……

关联的过程类似下图。

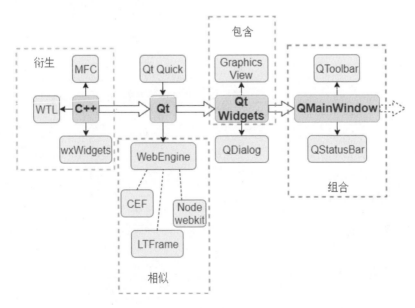

知识关联法可以把知识体系的粗粒度变得更细密、更系统。

5.3.4 梳理整合

知识体系不是我们坐在书桌前，花一下午时间画出来的，而是在工作中有意识地、有选择地实践形成的。

因此，知识体系的构建过程就是渐进式的、迭代式的、不断更新的。

所以，我们在开发工作过程中要定期回顾、梳理、整合我们用过的知识、技能，把它们添加到知识图谱中，并和其他知识关联起来。

在"5.2 专项能力修炼"一节中，我们介绍了开发者在项目中工作和学习的典型过程，并且指出，在项目完成后，应该有一个回顾总结的阶段，见下图中的阶段 2 。

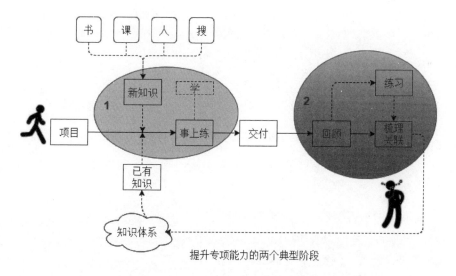

提升专项能力的两个典型阶段

这个阶段非常关键，它正是用来沉淀、吸收、内化我们在项目中用过的知识的。有这个阶段，我们才能完成知识的关联、梳理、整合，更新我们的知识体系，让我们的知识体系在每个项目中滚动成长，像滚雪球一样，越来越大。

所以，我们要再次强调：没有回顾，就没有成长，一定要养成回顾的习惯。

回顾可以分为两大类：周期性回顾和项目节点式回顾。

在周期性回顾中，你可以按天、周、月、季度、年等为周期，定期反思你用过的知识、技能，检视你的知识体系，看是否需要添砖加瓦，是否有需要剔除的腐肉。

项目节点式回顾，则是按项目的进度或者里程碑节点，来反思做过的软件模块、用过的知识点对已有知识体系的贡献。

回顾是一个行动过程，在行动时要做的事情就是梳理和整理知识体系。

梳理整合有两种常见的方法：

① 归类。
② 分层。

"知识归类"就是把具有相似用途或属性的知识划为一个分组。例如，MFC、WTL、Qt 都可用来做图形用户界面，可以归为一类；C、C++、Lua、Python 都是编程语言，可以归为一类。

归类的标准可依个人情况来定，常见的分类标签有用途、平台、功能、场景（云、传、端）、谱系（例如 Java 系、C++ 系）等。

归类后，知识体系就会初步结构化，更容易相互关联、唤醒、维护。

知识标签有大有小，大的知识点会包含若干各具独立功能的小知识点。

例如，Qt 作为一个知识标签，其下面就有 Qt Widgets、Qt Quick、Qt 3D、Qt WebEngine、Qt Xml、Qt Network 等众多子模块，分别实现不同的功能。

把大的知识点展开，就多了一个层次，这就是分层。

在回顾时反复归类和分层，知识体系就会成为立体的、多层次的。

下页图是我用归类、分层、梳理整合后的 Windows 桌面客户端知识体系（没有对所有知识进行分层，仅用 Qt 和 XML 做了示例）。

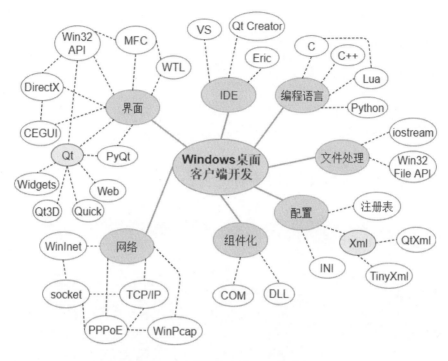

Windows桌面客户端知识体系

5.3.5 知识体系的进化

前面我们讲了知识体系的构建方法,当你有了知识体系后,还要持续更新,如下图所示。

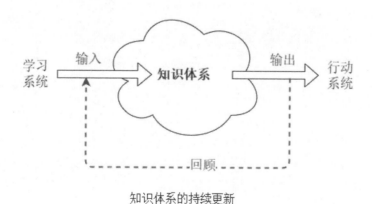

知识体系的持续更新

你需要通过学习系统不断输入新内容到你的知识体系，然后还要通过行动系统，用你的知识体系创造价值。在行动之后，再通过回顾总结，反向更新你的知识体系。当你构建了这样的一个循环，你的知识体系就能够持续进化。

知识体系的构建和进化是一个长期的过程，也是相当艰难的事情，需要我们能够坚持计划、持续行动。

5.4 成为技术专家或架构师

先来回顾我们的开发者山行图。

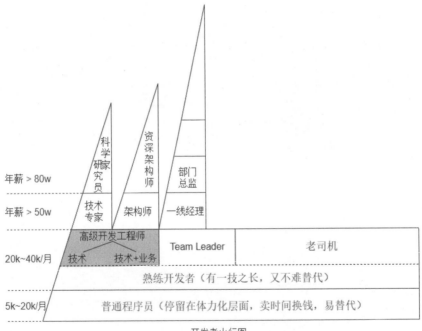

开发者山行图

在第 2 个层级——熟练开发者这一级，最左侧我画出一部分区域，命名为高级开发工程师。高级开发工程师是从熟练开发者进化来的，进化的秘诀只有一个——"主动学习求甚解"，进化的方向有两个：

① 在技术上持续精进。

② 成为业务高手。

以技术为中心，沿着技术方向持续进化会走上技术专家的路线。跳出技术视角，以业务为中心，根据业务选择合适的技术来解决问题，沿着"技术 + 业务"的方向进化，会走向架构师角色，如下图所示。

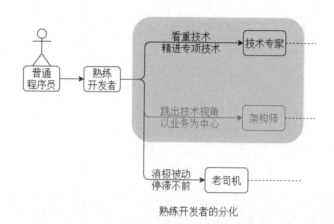

熟练开发者的分化

这张图简要地展示了熟练开发者是如何分化为技术专家和架构师的。其中的关键就是对技术和业务的态度。

这里有一个误区，有必要专门来讨论一下。

5.4.1 技术和业务

如果你到"拉勾"这种面向互联网领域的招聘网站上去看看，随便找几个招软件开发工程师的招聘需求信息，这就会发现，多数标题是这样的：

新东方在线儿童产品事业部招聘

Node.js开发工程师

12k-18k /北京 / 经验1-3年 / 大专及以上 / 全职

Node.js

2017-10-26 发布于拉勾网

360手机助手招聘

PHP开发工程师

15k-30k /北京 / 经验3-5年 / 本科及以上 / 全职

PHP

3天前 发布于拉勾网

贝壳招聘

Java开发工程师

18k-36k /北京 / 经验1-3年 / 本科及以上 / 全职

大数据   Java   架构师

1天前 发布于拉勾网

注意到了吗？软件类的公司，习惯以技术来给工程师命名——C++ 研发工程师、Java 开发工程师、PHP 开发工程师、Node.js 开发工程师、Python 工程师……

就连我们开发者自己也会这样说自己：我是做 Java 的，我是搞 C++ 的，我是 JS……

是不是如此？

这些现象折射出大多数技术人员对技术的态度：把自己掌握的技术当作自己的标签。我们往往是什么技术热就追什么技术，明明最终的结局是疲于奔命却乐此不疲，并且会把感情附加在技术上，热衷某一些技术，鄙视另一些技术（这也是"PHP 是世界上最好的语言"这个笑话会流行的基础）。

"以技术为中心，很少考虑业务"，这是开发者对技术和业务的态度。用人单位招人时的描述，进一步加强了这种习惯，使大家形成了一种愉快的"共识"：业务懂不懂无所谓，技术好就行了。

但实际上，软件开发者的工作不是用某种技术编写代码，而是通过技术解决特定领域的业务问题。一句话，"技术是为业务服务的"。在"普通程序员和熟练开发者的关键区别"一节中提出的知识体系的定义，也阐明了一点：所谓"知识体系"，就是若干相互联系的、可以用来解决特定场景问题的知识的组合。

那么为什么我们还是习惯以技术为中心、持"技术决定论"呢？

这里有历史原因，我们的教育体系就是这样的。

回想一下，我们的计算机科学与技术专业、软件工程专业，会教你订餐、挂号、心理咨询、支付、社交、股票交易等业务吗？不会！这些专业教授的都是适用于计算机和软件领域的专业知识，可以用来解决计算机和软件相关的业务问题和科研问题，这种教学方式把技术和技术可以解决的业务混合在了一起，让我们在一开始就养成了"学会计算机，学会编程，学会软件开发技术，就能解决问题"的错误观念。但实际上，你学会了 Java 就能写出股票交易系统的后台服务吗？就能写出京东商城的订单系统吗？并不能！

我们颠倒了现实——把解决问题的手段和技术方案当作了工作的目的，并且乐此不疲。于是我们的现实终于变成了：一帮外行自以为是地认为自己能解决陌生业务领域的问题，拿把锤子就觉得什么都能当钉子敲。

这样做的一个常见结果就是：你辛辛苦苦做出了软件，用户却不买账。

这个功能没有，这个流程很别扭，这个运行结果不符合预期……

你有收到过类似的抱怨吗？

所以，我们必须要正确地认识技术和业务的关系：业务是核心，技术是解决业务问题的工具。工具的效用是要结合业务来看的。

我们这样说，并非唯业务论，而是说，技术需要放在某个业务场景下，其作用才能体现出来。但反过来，还存在这些情况：

◆ 技术即业务。当你用编程技术解决计算机和软件领域的业务时，业务和技术会在一定程度上重叠在一起。
◆ 一种技术可用于解决多种业务问题。

所以，精进技术也是必需的。只是我们不能想当然地以为：只要技术好，就可以解决任何问题。

你对待技术和业务的不同态度，会在很大程度上导致你在技术道路上走向技术专家，还是架构师。

5.4.2 技术专家和架构师的区别

当你崇尚技术，以技术为中心，把技术的地位放在业务之上时，那你可能会深入钻研某种技术，围绕着这种技术构建起你的知识体系，并且不断地拓宽知识半径，深化知识层次，最终成为这个技术领域的专家。

当你以业务为核心，认同技术是解决业务问题的手段，你围绕着要解决的问题来组织、选择技术，最终形成了围绕特定业务问题的知识体系，善于识别、拆分业务问题，组织开发者采用合适的技术去落地解决业务问题，那你就成了架构师。

技术专家对某个技术领域特别熟悉，例如， C++ 专家，了解各种晦涩难懂的细节（例如， traits、move、委托构造函数、RTTI、内存对象模型、各种 cast 等），熟知 C++89、C++11、C++17 等各种标准及其异同，能够从技术层面解决该技术相关的各种疑难杂症。他是面向技术的，是某种编程语言或技术框架方面的专家。他的身份可能是 C11 专家、 Qt 技术专家、React 布道者、WebRTC 专家、H.265 专家等。

架构师的核心能力在于：研究业务、识别问题、定位问题、拆分问题、架构软件、选择技术及掌握技术，完成架构的落地执行。

架构师熟悉多种技术的适用场景和优劣对比，但不一定是某个技术领域的专家。

在解决一个业务问题时，根据需要，技术专家需要进入架构师根据业务架构拆分出的软件和组织架构中工作，成为架构落地执行的一个单元，与熟练开发者和普通程序员的工作类似。

但是在技术专家熟知的技术领域内，他可以给出中肯的建议，协助架构师进行技术方案的选择。在遇到技术专家擅长领域的问题时，他拥有权威的影响力，能够参与并影响最终的技术决策。技术专家的影响力往往是基于其在某个方向上的相对技术优势建立起来的。

架构师具有全局视角，以业务为核心，以解决业务问题为目标来构建软件架构和人员组织架构，并且要确保架构落地执行，所以架构师需要拥有组织权力，他往往是团队的领导者，其影响力通过其架构的有效性和职能权力两方面体现。

技术专家不一定能做好架构，因为架构是由业务本身决定的，是从业务拆分出来的，必须站在"有问题的对象的角度"思考"问题是什么"才可能找到合适的架构，而技术专家偏向从技术角度来直接给出自己的解决方案。

架构师不一定是其决定采用的技术方面的专家，因为架构师的关注点在解决业务上，他对技术的态度是使用和取舍。

5.4.3 成为技术专家

通过前面的辨析，我们知道技术专家围绕某个技术方向构建了扎实的知识体系，是该方向上的"百晓生"，善于解决该技术方向相关的各种问题。

技术专家不一定有组织权力，但是一定拥有技术影响力。也就是说，作为技术专家，需要你身边的同事认可你在这个技术方向上的权威性。再进一步，你还要在你擅长的技术领域或行业内赢得同行的认可。

技术专家的修炼过程，可以用下图表示。

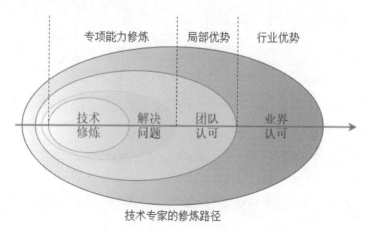

技术专家的修炼路径

要想成为某个技术方向的专家，需要 4 个步骤。

① 围绕某个技术方向构建知识体系。
② 把自己的技术实力落地，解决相关问题。
③ 通过各种方式展示自己的技术实力，让团队的人、公司的人、身边的人知道你有实力。
④ 通过互联网或其他"杠杆"，"撬动"业界同行，让他们认可你。

第 1 步和第 2 步可以按照本书在"5.2 专项能力修炼"中提供的方法来练习。你要在某种技术上配得上"精通"二字，必须修炼到"改造层"。

当你把某个技术方向修炼到"改造层"，就具备了这个领域技术专家的能力了，接下来就是"内圣外王"的阶段，要通过各种方式来展示自己，让别人知道你有这个实力。

展示和营销的过程，分组织内（第 3 步）和组织外（第 4 步）两部分。

组织内的展示和营销

组织内的展示，可以通过下列策略来完成。

① 高效、高质地完成工作任务。
② 解决技术难题（专家就要做有难度的事情）。
③ 技术分享（分享内容包括所用技术知识本身、技术在项目中的使用、难题的解决过程等。分享形式包括技术会议、专题培训、工作中的闲聊、项目总结、内部知识库、内网论坛、内网 Wiki 等）。
④ 解答别人的技术问题。
⑤ 教授别人技术。

高效、高质地完成工作任务和解决技术难题是基础，必须扎实地做好，否则你就是一个"绣花枕头"，别人说起来就是"那谁谁只是嘴上功夫了得，实际上不过是'银样镴枪头'"。

那要如何做？

因为这两点是基础要求，是硬功夫，所以，唯有稳扎稳打、正面突破。要知道，你在技术上要想突破，总要打一些硬仗！今天回避，明天回避，到最后就只能变成回避者，说起来什么都知道一点儿，执行起来没有一样可以做到位。

下面是一些通用的提升工作成效的方法，可以帮助你完成前面两点。

◆ 清单（参考《清单革命》一书）。
◆ 深度工作（参考《深度工作：如何有效使用每一点脑力》一书）。
◆ 番茄工作法（参考《番茄工作法图解》一书）。
◆ 刻意练习（参考《刻意练习》一书）。
◆ 复盘（参考《复盘》一书）。

仔细琢磨后面 3 种内部展示策略，你会发现，除了学习、分析问题、设计、抽象、编码等能力，你还需要获得下列能力。

◆ 课程设计。
◆ 演讲。
◆ 讲授。
◆ 沟通。

这几项能力的获得，分两步：

① 学习方法论，例如，阅读《金字塔原理》《认知设计》《高效演讲》《高绩效教练》《非暴力沟通》和《内向者沟通圣经》等书。
② 通过实践把方法论落地到自己身上，变成自己的能力。

切记，这里没有速成的方法，你可以从各种书籍、培训、课程中学习那些宣称"包治百病"的妙方，但是你不努力落地执行，就不可能从中转化出适合你自己的方式方法，就不可能获得能力的提升。

我们以"如何破解内向者技术分享时遇到的问题"为例，说明怎么来战胜困难、获得能力（技术分享能让你收获课程设计和演讲能力，不过请记住，能力是结果，在能力获得前的练习才是重点）。

内向者最开始做技术分享时遇到的问题通常是这样的：

害怕当众讲话，一看见人多就想退缩，强自镇定地站在那里也会讲不出想讲的东西。

这个问题的破解分 3 个步骤：①心态转变；②内容架构与设计；

③练习和预演。

1. 心态转变

当内向的技术人员分享内容给别人时，往往会先想很多问题：

"别人愿不愿意听？"

"我讲的东西对别人有没有帮助？"

"万一忘词怎么办？"

"别人不认同我讲的内容怎么办？"

"万一讲了效果不好，别人认为我没水平怎么办？"

这些问题和担忧是从"听众和我是对立关系，他们会挑刺"这种心态衍生出来的，如果转换一下心态，上面的问题就会被弱化。

想想看，当你给大家发喜糖、发红包的时候，会有这么多担心吗？

不会。

一定要相信，你分享的内容，听众会在某个时刻需要，他们会在遇到问题时想起来，"哦，那谁当时讲过，太好啦"，他们会因此而对你心存感激。

所以，请把自己当作圣诞老人，把技术分享当作派发礼物，去想象别人用你分享的知识、技术解决难题时的会心一笑，这样你就没那么紧张了。

2. 内容架构与设计

根据《金字塔原理》一书的内容，你每次分享的技术点，最好不要超过 3 个。如果超过 3 个，那就拆分出层级来，用 3 个大的知识点作纲，领起下一个层次的子知识点。子知识点也不要超过 3 个……当然，你分享的内容层次也不要太深，别超过 3 层。

这样的设计对听众来说没有太大压力——因为人的注意力有限，很难一下子接收大量的信息。

在内容的结构上，你要先让听众知道你讲的东西和他们有什么关系，他们在遇到什么问题时可以用，否则大家肯定没兴趣。

例如，假设你所在的团队负责公司产品 Android 端 的 APP，采用 Native 方式开发，你原本是做前端的，有丰富的 H5 经验，领导让你和大家分享 H5 的知识，你上来就讲 H5 为什么好，接着讲 H5 怎么用在移动端，有哪些框架……大家很可能对此不感兴趣，因为你没让他们觉得 H5 和他们的工作有什么关系。

如果你换一个方式，从公司对移动端产品的下一步规划入手，告诉大家公司准备用 H5 和 Hybird APP 方案统一 Android、iOS 和 PC三个平台的终端应用，可能大家就比较感兴趣，愿意认真听下去了——因为他们马上就会用到你讲的东西。

引起兴趣后，接下来再呈现用 H5 做移动开发的便捷性，快速展示一个与你们工作相关的 DEMO，最好是现场演示两三下就能在手机上跑起来，在浏览器或者 Hybird APP 上看到效果。这个方案，一定要比 Java 或者 Kotlin 方案便捷得多，例如，Native 方式需要 1 小时跑起来这个 DEMO，而你用 H5 只要 15 分钟，这样就有很强的说服力，能进一步引起兴趣。

再接下来，你就可以结合这个 DEMO，讲述要用 H5 开发所需要掌握的知识、框架和工具。

最后可以提供一些有意思的 DEMO 给大家，让大家可以下课进一步体验，也可以提供一份资源链接清单，供有兴趣的人继续学习。

这样一路讲下来，就比"H5 知识普及 + DEMO 演示"的效果好得多。

3. 练习和预演

你要做正式的技术分享，一般会准备一套 PPT 讲义，还会准备示例 DEMO 和各种资源，这些在结构和内容设计完成后基本就有了。

但是从有内容到如何把内容讲出来，还是一个非常大的跨越。很多开发者可以自己学技术、自己做项目、自己写博客，但很难站在众人面前完成一场分享会。

回顾一下小时候学走路的过程，是不是先爬，爬爬爬，爬得差不多了，站起来走，爸爸妈妈扶着走，你扶墙走，偶尔摔一跤，你可能会几天不敢再走……就这样经过数天，你终于可以不依赖外物独自行走了。

讲东西和学走路类似，你没讲过就是没经验，就是不大可能一下子讲得很好，这就是一般性规律。我们接纳这种规律，给自己预留练习的时间，好好准备，当你觉得准备得较为充分时，就会有自信，就能讲得比较顺畅。

练习可以分这 3 步：

① 逐字稿。不要觉得写个 PPT 有一个概要，就可以现场潇洒发挥，当你没有丰富的演讲经验时，这种情况几乎不可能。把你要讲的内容都先写出来。写的过程也是整理的过程，更是组织结构的过程。你能完整写出来就成功了一半。因为讲东西，就是想清楚、写出来、讲明白的过程。

② 录音和录视频。要练习就要有反馈。一开始可以自己录音、录视频，拿手机自拍就可以，用自拍杆或者把手机架在某个地方。录完之后，把自己想象成听众，听、看、感受效果，不满意再调整，再录。反复迭代，直到自己比较满意为止。

③ 模拟真实环境演练。自己对着手机录制，这与对着观众讲不大一样，所以，你还要模拟在真实环境中演练。初期可以讲给家人、讲给关系亲密的同事们听，让他们提提建议。别人看你讲，和你自己看视频很不一样，他们往往能给出比较有建设性的意见。你根据意见调整，调整后再来演练。

经过上面三个层次的练习，你基本上就可以顺利完成一次分享会了。

你要通过输出和分享来让别人知道自己在某个技术方向上是专家，这个过程所需要的每一种能力，其获得的方法都是有规律和方法可循的，你要做的是，找到方法和规律，付出真正的努力去练习，而不是只做 20% 的事情却奢望 100% 的回报。

组织外的展示

当你在组织内获得了认可后，就可以向组织外扩大你的影响力。常见的有下列 6 种方式。

① 撰写技术博客。
② 出版技术图书。
③ 创建开源项目。
④ 给别人答疑。
⑤ 参加线下技术沙龙。
⑥ 参与技术峰会。

你要有一个发声的地方，别人才能知道你。所以，很多开发者都会写技术博客，通过文章分享自己的知识和技术，让更多人知道自己。

要通过写技术博客打造个人品牌，建立影响力，有 3 个原则。

① 锚定方向。
② 高质量。
③ 持续和稳定。

你在某个方向上持续和稳定地输出高质量的文章，就会赢得别人的信任。

当你在某个技术方向上写出来一系列高质量的文章，就会有出版社找到你（你也可以直接找出版社）出版技术图书，这是进一步建立个人品牌、扩大影响力的机会。认真编写一本有价值的技术图书非常耗费心力，不过相当值得——它真的可以成为你的名片。

我个人就是通过技术博客、出版技术图书建立了在 Qt 应用开发技术上的影响力和品牌的。这也是很多技术人员建立影响力的常规路径。

Linus Torvalds 在 2000 年 8 月 25 日写过一句话："Talk is cheap. Show me the code."（能说算不上什么，有本事就把你的代码给我看看）。

这句话是很多开发者的信条，所以，如果你有一个真正能够帮助大家解决某个问题的开源项目，会极大地提升你的个人专业形象和影响力。例如，ThinkPHP 的创建者刘晨，其个人品牌和影响力就是从 ThinkPHP 这个开源项目发展起来的。Vue.js 框架的作者尤雨溪，也是如此。

答疑（包括论坛、社群）可以增进你的影响力，与技术博客、开源项目、技术图书结合起来，一定会有不错的效果。

当你在某个技术领域拥有了影响力，就会有各种技术爱好者和机构邀请你作为嘉宾参加各种技术沙龙，分享相关内容。像 GDG、OSChina、CSDN、InfoQ、云栖社区，都会不定期举行各种技术沙龙。

你的影响力会通过技术沙龙传播出去，再发展下去，就会有更高一级的技术峰会邀请你作演讲嘉宾，这类技术峰会会进一步扩大你的影响力，尤其是在高端人群和企业当中的影响力。

得益于这些过程的演讲，你可能慢慢变成既有技术实力又有个人影响力的技术专家。当然，个人倾向不同，有的人不想抛头露面，那么，拥有有影响力的技术博客、图书，或者拥有一个有影响力的开源项目也非常好，对于你后续在组织内的发展或者寻找新的工作机会都有非常大的帮助。

最后，必须要说明的是，向外扩大影响力的过程异常艰辛，绝非一蹴而就，如果你想走这条路，请做好"结硬寨、打呆仗"的准备。

5.4.4 成为架构师

很多开发者在面对一个需求时是这样反应的："这个需求用 XXX 技术实现不了，没法做"，言外之意就是我只会 XXX 技术，你要给我 XXX 技术能实现的需求。这样的反应就是典型的技术人员的反应，直接用技术实现方案来置换需求，直接把自己已掌握的技术方案作为唯一的解决方案，这不是架构师的逻辑。

架构师的逻辑是：

① 这个需求是为了解决什么问题？
② 这个问题是谁的？
③ 要解决这个问题需要什么的软件？
④ 要做这样的软件要用到哪些技术？
⑤ 在这些技术方案中，考虑人力、时间、金钱、运维等成本，哪一个最适合？
⑥ 谁会这些技术？
⑦ 如何组织相关开发者来实现？

你看，架构师和一般的开发者（技术人员）面对需求和业务时的反应是非常不同的。开发者要想成为架构师，就要转换到架构师的工作逻辑。

架构师的典型工作流程如下图所示。

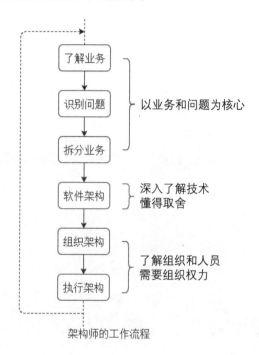

架构师的工作流程

可以看出，架构师的工作分成 3 部分。

① 研究业务，识别问题，拆分业务。
② 设计软件架构，在软件和业务之间建立关联和映射，选取合适的技术来形成架构方案。
③ 根据软件和业务架构，搭建对应的组织架构，领导团队完成架构执行。

那么，要成为架构师，也必须从这三方面来着手。

1. 跳出技术视角，站在业务视角工作

只有你正确理解了业务，定位出要解决的是什么问题、是谁的问题，你才能把业务抽象、虚拟到软件层面。

有很多程序员通过我的订阅号"程序视界"后台留言，问掌握什么技术和工具才能成为架构师；还有不少朋友转给我一张张架构师技术图谱，有前端的，有电商后台的，有即时通信中间件的，有微服务的，问我该选哪个……

从这些问题可以看出：很多开发者觉得如果掌握了某个技术栈，如果掌握了更多、更好的技术就可以做好架构。

这是一个常见的认知谬误：发现某类架构师具备特定的技能组合，反过来就认为自己具备这样的技能组合就可以成为那样的架构师。

但实际上，一位架构师拥有什么样的技能组合是由其处理的业务决定的。当我们要讨论架构师的技术时，一定要先看看他这些技能是在解决什么问题的过程中培养起来的。一定要记住，技能是结果，不是原因，原因是业务。

从这点上讲，要做架构师，技术是一个基础因素，但不是决定性因素。决定性因素是：你能否识别问题、定位问题。而要识别问题、定位问题，一定要先了解业务，吃透业务，成为业务专家。

要想成为业务专家，一定要在意识上把业务放在比技术更高的位置，在接到问题和需求时，首先要问下面 3 个问题。

① 真正的问题是什么？
② 这是谁的问题？
③ 问题怎样才算解决？

要弄明白这 3 个问题，就要：

① 与提出问题的人反复沟通。
② 到问题所在的场景中去体验。
③ 挖掘出各种利益关系人，询问他们对问题的理解。
④ 想象出问题解决后的场景。

只有真正理清问题，才能开始做软件层面的拆分和架构。因为，如果在问题层面理解有误，你做出来的架构和实现的软件一定无法解决问题，甚至会成为新的问题。

2. 深入理解技术，正确使用技术

因为很多架构师是从软件开发岗位走过来的，所以大家会觉得架构师一定要精通各种技术，否则就无法正确地架构软件，也无法领导大家执行架构。

但实际上，架构是由业务来的，技术是为业务服务的，架构师不必是软件架构所采用的每一种技术的专家，他在技术上只要做到下面几点，就能够胜任架构层面的工作。

◆ 深刻理解某种技术的适用场景。
◆ 客观识别不同技术在解决同一类问题时的优劣。
◆ 正确评估采用某种技术的成本（人力、时间、开发、运维、演进……）。

我们可以拿医生做个比方，医生不必了解每种药物的生产细节，他能做到了解一种药可以治什么病、有什么副作用、可以和哪些其他药物组合、不能和什么药物组合、在什么情景下如何使用、用药后病人可能会出现什么反应、有异常反应该怎么调整……就可以了。

从现实角度看，很多架构师是因为精通某种技术，经由技术优势获得了影响力，再积极学习业务，通过带团队、带项目获得了架构实践的机会，最后成为了架构师，因此我们会观察到这种现象——架构师在某个技术栈上很精通。

这是可以理解的，因为开发者习惯以技术为中心来思考问题，认为"光说没有用"，更愿意信任、跟随技术专家，所以看待架构师时就更容易看到架构师的技术能力。

我们过去的经验影响了思考的出发点，反过来，我们不能理解一种现象，则往往是我们没有相关经验、没有站到相应的位置。如果给你一个陌生的业务，让你用软件来实现，你一定会想先去了解这个业务是什么。在那种情境下，你就会明白，对架构师来讲，研究业务、识别问题、定位问题才是核心竞争力。而技术则是在此之后的事情。

所以，当一个开发者想要成为一个架构师时，我们会假定你已经具备了一定的技术基础，并且在某种技术上修炼到了"进阶层"或"改造层"，同时在组织内也有一定的影响力了，那你接下来在技术层面要做的就是：

- ◆ 了解并总结自己学习技术的模式。
- ◆ 实践出快速了解一种技术 80% 内容的方法。
- ◆ 善于挖掘信息，能够迅速找到一种技术的适用场景、常见问题以及行业案例。

当你具备了这些学习上的元能力，就可以在业务导向下，快速去做技术探索，也能快速与团队里的其他技术人员建立沟通的基础。

3. 成为领导者

软件架构的一个核心是执行。要执行架构就需要组织软件开发工程师围绕着架构设计完成自己的任务。如果你不是一个领导者，就很难完成这些属于管理者角色的工作。

所以，真正的架构师必然是团队的领导者。团队的领导者，即便没有架构师头衔，也是实际意义上的架构师。

如果你没有领导力和影响力，你分拆出的软件架构无法落地执行，那你就不是一个架构师，只是一个"架构建议者"。

所以，你要想成为一名真正的架构师，要走上管理岗位就是现实需要。

当你成了管理者，就顺理成章有了"架构师"角色，就可以在实际意义上做架构工作了。

架构师的成长路线图

前面我们从业务、技术和领导力 3 个方面讨论了架构师。成为架构师的路线，也因此可以描绘出来了，如下图所示。

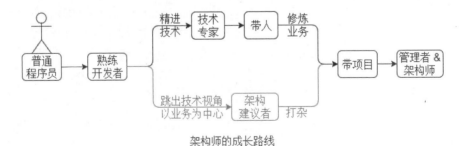

架构师的成长路线

如果你想成为一名架构师，可以参考这个成长路线。值得注意的是，这里有两个关键的环节需要突破。

① 从以技术为中心的工作方式转变为以业务为中心的工作方式。
② 从做好自己的事，转变为领导大家做事。

这两个转变要求你必须要具备若干软能力（例如，沟通、协商、语境切换、委派任务等），否则，你会做得非常辛苦，甚至无法完成突破，成为优秀的架构师。

架构师的软能力修炼

让我们再回顾一下架构师的 3 个核心维度。

① 以业务和解决问题为核心。
② 深入理解技术，合理使用技术。
③ 拥有领导者角色。

技术和技能我们在从普通程序员进阶到熟练开发者后已经具备，那我们要"修炼"的就是以业务为中心解决问题的能力，领导力和组织管理能力。这些能力的获得依赖于很多软技能，例如，沟通、协商、委派任务、承诺一致等。在《软件架构师的 12 项修炼》一书中提出了一个关于架构师的金字塔能力模型，如下图所示。

软件架构师的金字塔能力模型

这个模型把成为优秀架构师必备的 12 项软技能分为 3 个层次：关系技能、个人技能和商务技能。对于一直从事开发工作的程序员来讲，这些技能往往是最有挑战性的。强烈建议你仔细阅读《软件架构师的 12 项修炼》一书，按照上面的金字塔模型来持续"修炼"，让自己最终成为优秀的架构师。

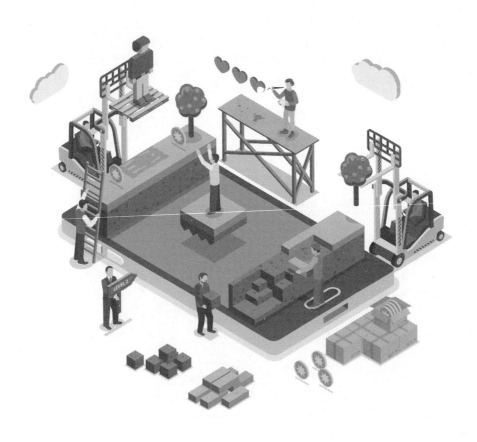

第6章

如何打好面试这场硬仗

2005 年年初，我决定放弃售后技术支持工作，转型做软件开发。"裸辞"之后，开始了漫漫求职路。在接下来的三个多月时间里，我不断地把自己的那份简历投递给各式各样的软件公司，然后因为 10 次有 9 次都没有回音而陷入持续的失落中。偶然有公司愿意让我去面试，却又往往因笔试成绩不理想而被拒。等笔试慢慢可以过了，又会因为面谈时出现的各种状况而难以通过。

那是相当痛苦的一段时间，一家家投简历，一遍遍做笔试，一次次被拒绝……我始终保持着"原生态"，只是简单、直接地投简历、做笔试、面谈，从来没有深思过自己该怎样做准备，提升通过率。

很多年过去了，我换过多次工作，参加过很多次面试，也在多家公司当过面试官，面试过数百名求职者，这时我才想明白该如何准备一次技术面试才能提升命中率。也是在这时，我深深地相信，系统地准备一定有和贸然参与不一样的收获。因此，我把这么多年作为面试者和面试官积累的经验整理出来，分享给大家，希望能对大家有所启发。

系统的面试准备，可以分成 4 个阶段。

① 澄清阶段。

② 准备阶段。

③ 面试过程。

④ 复盘。

接下来逐个详细说明。

6.1 澄清阶段

澄清阶段的任务是理清我们有什么、想要什么、明确自己的求职目标。这个阶段的工作可以分为下面 6 部分。

① 明确自己的职业价值观。
② 盘点自我价值。
③ 筛选公司。
④ 分析职位。
⑤ 寻找亮点。
⑥ 设定期望。

6.1.1 明确自己的职业价值观

职业价值观是个人追求与工作有关的目标，从事满足自己内在寻求的活动时所追求的工作特质或属性，它是个体价值观在职业问题上的反映。

换句简单的话讲，职业价值观就是你认为一种职业的什么东西最重要。

一份符合我们职业价值观的工作，干起来会比较自在、顺心，我们会更容易投入，更容易获得满足感和成就感。

参考《10 天谋定好前途》一书，职业价值观可以精简为 9 种。

① 工资高，福利好。
② 工作环境（物质方面）舒适。
③ 人际关系良好。
④ 工作稳定有保障。
⑤ 能提供较好的受教育机会。
⑥ 有较高的社会地位。
⑦ 工作不太紧张，外部压力小。
⑧ 能充分发挥自己的能力特长。
⑨ 社会需要与社会贡献大。

从上面的 9 种因素里，分别挑出对你来讲最重要的、次重要的、最不重要的、次不重要的，填入下页的职业价值观表格中。

我的职业价值观	
最重要	
次重要	
最不重要	
次不重要	

当你澄清了职业价值观，以它们为选择标准就能快速、有效地确认一家公司是否适合自己，不会在选择工作时左右为难。

如果你觉得前述 9 种职业价值观粒度较粗，不能准确描述你的需求，也可以从我的另一本书《程序员的成长课》的 5.2 节中列出的 43 种工作特质中选择。

程序员小北的职业价值观表格如下。

我的职业价值观	
最重要	能充分发挥自己的能力特长
次重要	工资高，福利好
最不重要	工作不太紧张、外部压力小
次不重要	工作稳定有保障

6.1.2 盘点自我价值

这个步骤我们要确认自己有什么价值，尤其是可以被别人明确感知的价值。你可以从知识、技能、经历、人脉、天赋等 5 个方面来盘点自己。如果你撰写过简历，一定熟悉这个过程。

请把你拥有的价值填入下面的价值点表格：

我的价值点	
知识	
技能	
经历	

我的价值点	
人脉	
天赋	

下面是小北的价值点表格。

我的价值点	
知识	算法、数据结构、TCP/IP、操作系统、设计模式
技能	C++ 编程、算法优化、绘制 UML 图
经历	ACM 银牌、在腾讯微信事业群 QQ 邮箱产品线工作一年
人脉	……
天赋	勤奋、严谨、好强、理性

你的价值点可以在很大程度上影响你选择工作机会的范围——因为多数企业在招募人选时会考虑相关性。例如,你精通 Golang 开发,那可能你就比较容易找到后端开发的岗位;例如,你精通算法,很多人工智能方面的公司都会为你敞开大门。

明确了自己有什么价值,你还需要问自己一个问题:假如我只能在一个方向做到出类拔萃,它是哪个?

这个方向就是你要致力为自己打造的标签,就是别人一提起你就恍然大悟的那个点。例如我,在软件开发群体中一提起来,大家就会说:"哦,安晓辉是 Qt 专家"。

我们的时间和精力都是有限的,聚焦在一个方向上打造出一个长板,是投资自己的最好方式。

如果你能明确自己接下来想要深入发展的方向,找工作时就会比较容易聚焦,就更容易发现并把握适合自己的机会。

6.1.3 筛选公司

筛选公司可以分为 3 个阶段。

① 从行业前景、公司前景和个人倾向做初步筛选,生成基础公司

名录。

② 根据个人想要培育的价值点，选择契合的机会，形成潜在机会清单。

③ 分析潜在机会，根据职业价值观做进一步筛选，生成目标机会清单。

阶段1：生成基础公司名录

　　在"第3章 选择适合你的方向"中讲述的"先选领域，再选公司"这个大逻辑，能够大概率确保你在正确的河道上坐上快船，为你的远航奠定坚实的基础。所以，我们首先要锚定发展较好或者有长足潜力的行业和领域，选择其中处于领先地位或者拥有潜力产品的公司。

　　如果你有明确的行业领域或产品类型倾向，那应当优先考虑它们。

　　注意，要避开夕阳产业，避开正在衰落的公司。

　　例如，小北选择人工智能这个领域，使用搜索引擎以"人工智能公司"为关键字搜索，即可得出基础公司名录。

- ◆　百度。
- ◆　腾讯。
- ◆　阿里巴巴。
- ◆　思必驰。
- ◆　科大讯飞。
- ◆　搜狗。
- ◆　字节跳动。
- ◆　寒武纪。
- ◆　格灵深瞳。
- ◆　大疆。
- ◆　旷视科技。
- ◆　出门问问。
- ◆　奥比中光。
- ◆　小马智行。
- ◆　星行科技。
- ◆　商汤科技。
- ◆　达闼科技。
- ◆　涂鸦智能。

- ◆　云知声。
- ◆　若琪。
- ◆　普强信息。
- ◆　初速度。
- ◆　智能管家。

阶段 2：形成潜在机会清单

小北希望在语音识别领域深入发展，那他就可以用"语音识别"这个关键词进一步筛选。

筛选时需要了解一家公司的主要产品、业务和服务，有两种常见的途径。

① 登录官网，查看产品、业务、服务的介绍或查看"关于我们"页面。
② 使用天眼查（https://www.tianyancha.com），搜索公司，查看企业业务、软件著作权、专利信息等。

小北使用上述两种方法，发掘出的潜在机会清单如下。

- ◆　百度。
- ◆　腾讯。
- ◆　思必驰。
- ◆　云知声。
- ◆　科大讯飞。
- ◆　出门问问。
- ◆　普强信息。
- ◆　若琪。
- ◆　搜狗。
- ◆　达闼科技。
- ◆　字节跳动。
- ◆　爱笔。
- ◆　智能管家。

阶段 3：生成目标机会清单

小北最看重的是能够发挥自己的能力特长——算法分析与优化。因此对他来讲，算法类的、要求 C++ 语言的岗位比较适合他。

此时他有两种途径可以查看哪家公司提供算法类岗位。

① 登录官网，找到招聘栏目。
② 在拉勾、猎聘、智联招聘等招聘平台上检索。

最终小北得出的目标机会清单如下。

◆ 搜狗。
◆ 思必驰。
◆ 云知声。
◆ 爱笔。
◆ 出门问问。
◆ 达闼科技。
◆ 普强信息。

有了目标清单之后，我们需要进一步了解公司的信息，包括下列几方面。

◆ 公司所处领域及该领域的发展情况。
◆ 公司的主要产品、业务以及市场情况。
◆ 公司的组织架构。
◆ 公司目前的运营发展状况。
◆ 公司的竞品。

这些信息，可以通过官网、搜索引擎、天眼查、行业分析报告等搜集到。

6.1.4 分析职位

分析职位的目的是为了弄明白目标职位都要求什么、想找具备什么特征的候选人。

职位描述信息（JD）一般由用人部门拟定，经由人力资源专员（HR）发布。

用人部门的负责人在确认招聘需求时，一般是先看要做什么项目（产品），然后根据这个项目（产品）的需要推导出要招募的人应该具备什么知识、技能、经历……

当他拟定招聘信息时，就会把脑海里这些知识、技能、经历等的要求融入职位描述信息中。

我们分析职位就是要努力解码招聘信息，还原出用人部门的关键要求。

一般来讲，你可以从以下 6 方面获取招聘信息中的关键词。

① 学历。
② 工作年限。
③ 知识。
④ 技能。
⑤ 项目经历。
⑥ 软能力。

我抓取了拉勾网的一个招聘信息作为案例，简单分析了一下并画出了关键词，如下图所示。

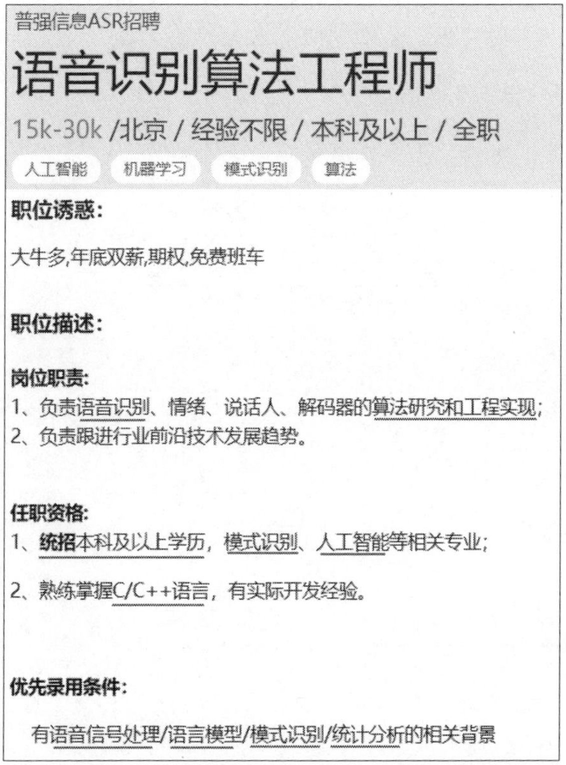

普强信息ASR招聘

语音识别算法工程师

15k-30k /北京 / 经验不限 / 本科及以上 / 全职

人工智能　机器学习　模式识别　算法

职位诱惑：

大牛多,年底双薪,期权,免费班车

职位描述：

岗位职责：
1、负责语音识别、情绪、说话人、解码器的算法研究和工程实现;
2、负责跟进行业前沿技术发展趋势。

任职资格：
1、**统招**本科及以上学历，模式识别、人工智能等相关专业;

2、熟练掌握C/C++语言，有实际开发经验。

优先录用条件：

有语音信号处理/语言模型/模式识别/统计分析的相关背景

除了基本信息，你还要关注优先录用（优选）的条件，如果你具备，那竞争力就远超不具备的候选人。

在分析职位时，除了从招聘信息中直接提取关键词，还可以再深入做两点。

① 这个职位可能是在做什么产品？会面临什么问题？
② 把自己想象成这个职位候选人的上司，换位思考，琢磨他为什么会写这样一个招聘信息。

6.1.5 寻找亮点

在求职过程中，亮点是相对企业用人需求而言的。因此，你与职位要求匹配的价值点才是你的亮点。

假如一个职位要求熟悉 C++ 编程语言，而你熟悉的是 JavaScript，那你对 JavaScript 再精通都不是你的亮点。

在分析职位之后，我们已经有了若干关键词，再结合之前盘点出的价值点，就能找到自己和职位的匹配点。匹配点可以分学历、知识、技能、经历、软实力、天赋等几类。

我设计了一个简单的匹配点表格，如下表所示。

我与职位的匹配点		
学历	华中科技大学计算机应用技术专业硕士	必备条件
知识	算法	必备条件
	设计模式	必备条件
技能	C++ 编程	必备条件
	算法优化	必备条件
经历	某项目中的自然语言处理部分	必备条件
软实力	项目管理	优选条件
天赋	勤奋、严谨、理性	

如能找到必备的和优选的匹配点作为亮点是最好的。

6.1.6 设定期望

在寻找工作时，我们会有非常多的期望。但现实是，这些期望很难一一被满足。所以，我们需要合理管理我们的期望。

期望可以简单划分为两类。

① 保障。
② 成长。

保障类期望是基础期望，被满足后我们才能安心工作。它主要包括收入、环境、交通、稳定性等。

如果保障类期望不能满足，就会严重影响我们的工作，甚至会导致我们无法接受这样的工作机会。例如，单程通勤时间超过 2 小时，对于我就无法接受；例如，初创公司，对于看重稳定性的人就无法接受。

成长类期望，属于激励性期望，被满足后我们能自发自愿、积极主动地投入工作。它主要包括满足兴趣与爱好、做自己擅长的事、挑战性、被尊重、有晋升空间、技能有发展空间、自主性、自由度等。

成长类期望被满足，会带来工作幸福感，个人会更乐意向别人谈及自己的工作。

如果一份工作只满足保障类期望，不满足成长类期望，做久了就会慢慢失去热情，投入程度降低；如果一份工作，只满足成长类期望，不满足保障类期望，做久了很容易因为现实压力和心理失衡而陷入自我怀疑，最终无法继续下去。

所以，我们必须合理设定自己的保障类期望和成长类期望。

在设定期望时，最重要的是找到可接受的值和让人满足的值。

以薪水为例，可接受值可以取月生活开支的 150%、市场行情的低位、上一份工作薪水的 120% 这三个数值中的高值；满足值可以取月生活开支的 200%、市场行情高位的 80%、上一份工作薪水的 150% 这三个数值中的低值。

我做了一个简单的薪水期望表格，如下页表所示。

薪水期望				
	月生活开支	市场行情	最近工作月薪	参考结果
初值				
可接受				
满足				

小南在西安，拥有三年工作经验，应聘 Android 应用开发工程师。他的薪水期望表格如下。

薪水期望				（元）
	月生活开支	市场行情	最近工作月薪	参考结果
初值	4500	7000~12000	6000	
可接受	6750	7000	7200	7200
满足	9000	9600	9000	9000

像薪水这种可数字化的因素，可以采用找下限（可接受值）和上限（满足值）的方式来设定期望。而对于成长类期望中的某个因素，要么有要么无，不能数字化，所以，我们只能从自己的若干成长类期望中，找出自己认为最重要的和次重要的作为自己求职的底线。这一点与我们明确自己的职业价值观时的做法是一致的（也可以说，设定期望是对澄清职业价值观的细化）。

例如，我找工作时会把自主性、兴趣爱好作为选择底线。这是因为，如果一个工作岗位要做的事情，一件件都是别人安排好了我来执行，我没有一点发言权和参与感，那我是不可能接受的；如果要做的产品或服务，我完全不感兴趣，那我也是不可能接受的。

当我们设定了期望，后续就能比较准确地判断一个职位是否是可以接受的。

6.2 准备阶段

我们在澄清阶段明确了自己的职业价值观、求职目标、亮点、期望等非常关键的内容，就可以带着它们进入准备阶段了。

在准备阶段，我们要做 7 件要事。

① 简历优化。
② 练习自我介绍。
③ 温习掌握的知识、技能、做过的项目。
④ 储备目标职位需要的知识和技能。
⑤ 多做笔试题。
⑥ 准备常见的非技术问题。
⑦ 备好要向面试官提问的问题。

6.2.1 简历优化

在这里我只想澄清 3 个关于简历的误区，具体优化方法可参看我的另一本书《程序员的成长课》，其中有一章专门介绍撰写简历的方法。

误区一：一份简历到处投递

我大学毕业找工作时就有一份简历，一会儿投给大唐电信，一会投给华为，一会儿投给某某研究所。工作两年多，转型做软件开发时依然这么做。

现在想来，这就像无论去什么场合，都把超人内裤反穿一样，傻得可爱。

正确的做法是：针对每个岗位（哪怕两个岗位都是 Android 开发工程师），根据澄清阶段的职位分析和寻找亮点两部分的结果，定制一份简历，突出亮点。

误区二：不顾需求方要求，随意罗列信息

很多简历的每个部分都是流水账，信息多而杂乱，让人看了不知所云。

专业技能（综合评价）类似这样：

◆ 熟练掌握 Android 体系架构，各类控件，能够熟练实现 UI 复杂布局。

◆ 熟练掌握 AsyncTask、Handler 和 Loader 数据异步加载机制。

◆ 熟练掌握图片的二次采样，LruCache 缓存工具类。

◆ 熟悉 Android 视频播放，Camera、传感器、二维码、推送。

◆ 熟悉 Android 推送、第三方登录、友盟 APP 统计、支付宝支付流程。

◆ 熟悉腾讯 Bugly 版本更新、错误统计、热更新、蒲公英版本更新、统计。

◆ 熟悉 View 的工作流程、事件分发、自定义 View。

◆ 熟悉 Window 和 WindowManager。

◆ 熟悉 Android 的线程和线程池。

◆ 熟练掌握 XUtils、EventBus 框架以及 Retrofit + RxJava 网络请求、高德 / 百度地图和定位、Vitamio 视频播放。

◆ 熟练掌握 3ds Max/MAYA 三维模型、场景制作及 Premiere 视频制作。

拜托，这会把人力资源专员看凌乱的好嘛！我们在简历中优先给出与目标职位匹配的亮点信息，那才是对方想要的，才能一下子抓住看简历的人的眼球，你的简历才能通过。所以，类似专业技能这样的介绍，两三行关键信息足以。

项目经验类似这样：

项目一

……

项目二

……

项目三

……

你有考虑招聘信息中对相关经验的要求吗？有考虑招聘信息中的优选条件吗？请重点突出相关的内容，不相关的内容一语带过即可。

误区三：项目介绍中不突出自己所做之事和所起效果

下面是从我为公司招人时收到的简历中摘录出的项目经历。

三：网优俱乐部

简述:该应用是一款路测优化工具。包含三个功能：路测、室分测试、CQT 测试。以二维图表动态实时显示手机当前网络信息参数。支持基站邻区参数查看，根据公参在地图上查看基站图层信息；记录测试路线上所有信息参数，支持在地图上回看测试日志路径信息和周围基站情况，上传测试报告得出分析论。测试当前网络状况，网速测试，通话质量测试等。通过 Webview 进入 Web 端论坛获取更多行业信息。

使用到的三方开源库：百度地图、gson、MPAndroidChart、友盟、HUD 等。

数据库的使用:SQLite。

请你想想，这样的描述有没有价值？

没有！

一点都没有！

我作为看简历的人，既不知道你做了什么事情，又不知道你所做的工作对项目有什么样的贡献。在我看来，这是完全失败的写法。

正确的写法需要遵循下面 3 点。

① 突出项目过程中用到的与目标职位匹配的技能。
② 描述你做的事情。
③ 描述取得的成绩（显化、量化）。

例如上面的例子，改造成下面这样就会更加清晰。

2016.10—2017.02，网优俱乐部

项目描述：该应用是一款路测优化工具，包含 3 个主要功能：路测、室分测试、CQT 测试。

环境：安卓

担任核心开发，个人负责下列功能。

◆ 在地图上显示基站信息。
◆ 在地图上回看测试日志路径信息和周围基站情况。

- ◆ 网络测试。
- ◆ 通话质量测试。

使用到了百度地图、Gson、MPAndroidChart、友盟、HUD 等开源类库。

成果：

- ◆ 网络测试准确率 99%，时间误差控制在 1 秒以内。
- ◆ 二维图表展示效果获得用户好评。

6.2.2 练习自我介绍

很多面试官喜欢让你先来一段自我介绍，不少人就很纳闷：简历上都有了啊，还介绍什么？

实际上，面试官希望通过你的自我介绍考察下面的内容。

- ◆ 你能否胜任工作。
- ◆ 你的语言表达、逻辑思维等能力。
- ◆ 你的聚焦意识和把控能力。
- ◆ 你的价值取向。

从这个角度来看，自我介绍绝不能从头到尾复述简历上已有的内容，而是应当根据职位关键词，萃取你的亮点，并集中展示。

自我介绍时可以展示下列信息。

- ◆ 毕业院校、专业与学历。
- ◆ 与岗位相关的、最近的工作经验。
- ◆ 最强技能。
- ◆ 深入研究的知识领域。
- ◆ 取得过的成绩。
- ◆ 与岗位匹配的个性与特长。

自我介绍的时间控制在 3~5 分钟为宜，大概需要说 400 ~ 600 字。建议在面试前先撰写文字稿，使用手机录音，自己多听听，多改改，直到脱稿能够流畅说 3~5 分钟即可。

下面是我自己应聘一家公司职位时的自我介绍（该职位要求精通C++和Qt）。

我是安晓辉，2002年毕业于西安交大电信学院的信息工程专业，本科学历。

我最近服务的公司是"信利"，负责互联网智能机顶盒的开发。我从无到有组建了研发团队，从2009年一直做到2014年，研发了4代产品，其中第1代、第2代、第3代都是用C++和Qt开发的，基于嵌入式Linux系统。

第2代产品最为成功，UI交互、网络传输和播放性能都是行业领先的，尤其是，当时我们能够在两兆宽带下流畅播放720p的在线视频，很有竞争优势。这款产品使公司和安徽电信、陕西电信建立了合作，获得大面积推广，卖了几十万台。

在开发智能机顶盒时，我把Qt引入我的团队，帮助大家学会使用Qt。机顶盒客户端的架构和核心EPG框架都是我写的。我个人比较喜欢探究技术的原理，解决疑难问题时觉得很有成就感，团队里有人遇到Qt的问题都会来找我。慢慢地，我对Qt有了比较深入的研究，源码也读了个七七八八，还为Qt做了显示扩展模块和键盘扩展模块，用在我们的机顶盒内。

2013年和2014年，基于我对Qt的研究和实践，我写了两本书，《Qt on Android核心编程》和《Qt Quick核心编程》，在电子工业出版社出版。

我的自我介绍涵盖了学历、最近项目经验、取得的成绩、最强技能、深入研究的知识领域以及个性等内容，这些内容的顺序没有一定之规，大家可以根据自己的情况来调整。

6.2.3 温习掌握的知识、技能、做过的项目

我们写在简历上的内容极有可能被面试官一一追问，所以，最好是多多温习，了然于胸，这样就不会出现"被人问到做过的东西却回答不上来"这种尴尬局面。

如果觉得做过的项目太多，没那么多时间一一温习，可以按下列原则来筛选。

- ◆ 与目标职位相关的知识、技能和项目经验。
- ◆ 最近两年掌握的知识、技能、参与的项目。

温习过之后，可以到网上搜索常见的技术问题、别人分享的面试题，自己试着答一答。

6.2.4 储备目标职位需要的知识和技能

招聘信息中列出的知识点、框架、问题、技能，就是老师画定的考试范围，最有可能在面试中被问到。如果有我们不了解、说不出所以然的知识、技能、问题，一定要即刻准备，一一了解。

6.2.5 多做笔试题

对于一般的、不是很高级的开发岗位，很多公司都会先让应聘者完成一个笔试，没有笔试的，也可能出一两道题，让你手写代码。所以，我们也必须做准备。

我 2018 年年初帮人招募 Golang 工程师，因为我不懂 Golang，就让一位朋友帮我出几道题，于是他就从网上找了一些给我。

有两个人来应聘时，我给他们做那套笔试题，他们表示——好简单啊，网上都有。然而，即便如此，还是有一些题目做得不对。这可能是对某些知识点理解有误，也可能是缺乏足够的练习，还可能是从心态上没有真正重视。

所以，请多多练习教程上的习题、网络上的笔试题、面试宝典里的题目，统统都找来做做看，做错的认真分析原因，再做。只有足够认真地准备才可能有好的结果。

6.2.6 准备常见的非技术问题

技术面试中，不仅有技术问题，还有一般性的非技术问题，甚至会有不少人被非技术问题拿下，得不到职位。因此，这里列出几个常见的问题，给出思路，方便大家准备。

1. 你为什么离开上家公司?

提示：面试官要了解你的离职原因，是想挖掘你找工作的动机，判断你是不是适合公司和职位。所以，你的回答最好是积极正面的，诸如上司很"烂"、队友很"猪"、项目管理水平很糟糕之类偏负面和主观的原因，最好别说，因为面试官很容易就联想到你是不是也会觉得要应聘的公司这些方面怎么样怎么样。比较安全的回答有两类，一是与职业发展相关的原因，例如工作内容不喜欢、没有晋升空间、与自己的未来目标不符等；二是大家都能理解的个人原因，例如，想和女友在同一个城市、北京房价太贵买不起房……

2. 你为什么选择我们公司？

提示：面试官要了解你来公司的动机，对公司的态度，以及判断你的职业价值取向是不是和公司一致。与离职原因类似，从职业发展角度回答会更好一些。例如，你可以说更喜欢公司所做的产品；公司的技术氛围好，技术积累厚能够更好地获得技术成长；公司重视技术人才，有更好的发展空间；公司职位要求的很多技能都是我擅长的；公司平台大软件流程规范；公司初创但产品很赞，未来有很大发展空间等。

3. 描述一个你在项目中曾遇到过的难题，说说如何解决的。

提示：面试官想了解你在项目中学到了什么，是怎么自我成长的。注意，不能说没遇到过什么难题哦，那代表你没有做过重要的事情或没有认真思考的习惯。这里的难题不一定真的是世界级的大难题，只要契合你当时的个人发展阶段即可。例如，一个前端动效的实现、一个后端服务的内存溢出问题、一个 APP 启动时长的优化问题、一个安卓应用的 OOM 问题，这些都可以。我们需要琢磨简历中的每一个项目，找出里面的难题，想想当时怎么解决的。

4. 你怎么看待加班？

提示：虽然大部分问这个问题的公司都会有一定程度的加班，但这个问题其实是想测试你是否愿意为公司做奉献。

我一般会回答：如果工作需要，我会义不容辞地加班。但我也会努力提升工作效率，争取在工作时间内完成任务，减少不必要的加班。

你可以根据自己的情况来回答。

5. 你最擅长的技术方向是什么？

提示：最好是把你和目标职位相关的技术方向说出来。如果没有，那就说自己过去最擅长的。

6. 你能为公司带来什么？

提示：员工能为企业带来什么？无非是降低费用或者创造价值。你可以结合职位要求和公司的产品状况，重复自己的优势或畅想自己可以做出的贡献。

例如我应聘 Qt 相关的岗位时，就可以说：我能解决 Qt 的疑难问题，加快公司产品上线的速度，还可以帮助团队快速导入 Qt，提升团队效率。

例如，一个懂后端的前端开发者就可以说：我有后端开发背景，能够更好地理解前、后端之间的问题，降低前后端团队的沟通成本以及因为沟通不畅带来的研发成本。

7. 你对我们公司了解多少？

提示：面试官想考察你是不是真想到该公司工作以及你的做事风格。

我们在澄清阶段筛选公司时，有让大家了解公司的信息，包括所处行业、运营状况、拳头产品、市场情况和竞品。此时可以说说你了解到的信息。

我遇到过不少求职者，在我问他们这个问题时，一脸懵懂地回答"不太清楚""还没来得及了解"，这是让人难以接受的。

8. 对于未来五年的职业规划，你是怎么考虑的？

提示：很多人力资源专员或者用人部门的决策者会问这个问题。他们想通过这个问题判断你的稳定性。因为如果个人的职业规划和公司能提供的发展机会不一致，个人就很难长期待在公司。另外，面试官喜欢有进取心的回答，不要随便说"不知道"或者"还没考虑清楚"。

对于开发者来讲，大概有技术和管理两个大方向。

如果你喜欢技术，可以这么回答：未来五年，我喜欢在某某领域持续深耕，成为资深的专家或者架构师。

如果你想转管理，可以这么回答：接下来的两三年内，我希望继续在技术方面多做积累，不断提升解决复杂问题的能力，再往后如果有机会，我想试试技术管理工作。

9. 你发现工作可能无法按时完成会怎么处理？

提示：面试官想考察你的进度管理、风险管理和协作能力。一般来讲，越早告知上司和利益相关人风险越小。系统第二天要上线了，你晚上发个邮件给上司，说"进度有点滞后，还得一周"，那么上司一定会发飙的。

我喜欢这样的回答：我觉得可能无法按时完成时，会先评估一下，通过加班、协调资源、改变工作方式等手段，看看能否加快进度，如果不能，会评估滞后的工作量和可能的应对策略，然后向上司汇报。

10. 在你和同事或上司发生争执时，你是怎么处理的？

提示：面试官想考察你的冲突处理能力以及沟通和协作能力。

我注重程序和逻辑，一般会这样回答：

◆ 首先要观察一下气氛，如果沟通已无法和平继续，就主动暂停，提议大家冷静，再挑时间讨论。
◆ 如果气氛还好，大家都比较理智，先暂停一下，接下来再继续讨论时，先回顾共同目标，力争把讨论拉回轨道，围绕目标进行。
◆ 聚焦目标后，如果还有争执，就要分析争执的焦点是什么，找出来，列出来。
◆ 然后，围绕争执焦点，采用"发言权杖"，大家轮流说话，以事实、论据为基础来进行讨论，用理性的方式化解争执。
◆ 假如最终还是无法统一，服从上司决议。

你可以根据自己的经验和行为风格，找出自己的答案。

11. 什么会让你有成就感？

提示：这个问题考察你的职业价值观、工作动机、稳定性等。作为开发者，可以说"竭尽所能和大家完成一个项目""解决一个很有挑战的技术难题""掌握一门新的技术""帮助别人解决问题""自己做的产品被上亿人使用"等。简单讲，让你有成就感的事情或经历最好是积极的事情、工作中的"高光"时刻，如果你说"玩王者荣耀获得最强王者"，恐怕只会给你减分。

6.2.7 备好要向面试官提问的问题

如果面试官觉得你基本可以作为岗位候选人，一般会给个机会让你提问。很多人被问到"你还有什么问题要问吗？"时，会说"我没什么问题"，真是遗憾呢！因为没有问题，代表没有思考、不够积极。

虽然可以问问题，但也不能随便问，例如，第一面就问薪水福利什么的会很招人烦。应当问一些与公司、产品、职位等相关的问题，这样可以体现你对机会的重视度。

我准备了几个问题，可以供大家参考。

◆ 这个职位的挑战是什么？
◆ 入职两个月内，公司希望我达成什么目标？
◆ 如果我被录用，会进入哪个项目组，项目组的成员构成是怎样的？
◆ 如果我入职，会有哪些入职培训？
◆ 公司 XXX 产品有什么新的动态？
◆ 公司的晋升机制是什么样的？
◆ 下一步的面试流程是什么？

6.3 面试过程

相信前面的澄清阶段和准备阶段完成后，我们悬着的小心脏都会放下来。因为自信源自于充分的准备。所以，到了面试过程，只要注意几点就能取得不错的效果。

◆ 外在形象。
◆ 心态。
◆ 理解题目要点。
◆ 结构化表达。
◆ 应对不会的问题。

6.3.1 外在形象

一般的公司对软件开发工程师的外在形象都没什么特殊要求，下面简单说一下注意事项。

◆ 着装干净整洁。
◆ 头发不要油腻，注意不要有头皮屑。

◆ 指甲不要太长，双手保持干净。

◆ 戴眼镜的同学，要提前把眼镜上的灰尘、油点什么的都擦拭掉。

◆ 面试前不要吃有刺激性气味的东西，大蒜、韭菜、臭豆腐、芥末等。

◆ 注意照下镜子，看看牙齿上是否有小"零碎"。

◆ 耳朵最好掏干净，不要有一眼看得着的耳屎（我有遇到过这样的求职者）。

6.3.2 心态

我见过不少人，面试时双眼不敢和面试官对视，说话躲躲闪闪，桌面上双手紧扣，桌面下两股战战。

这往往是因为我们心中在意这个机会，又不确定自己是不是能妥善应对面试官的问题，所以内心比较忐忑，整个人比较紧张。

其实反过来想想，我们找一个合适的职位难，公司招一个合适的人也很难。找工作，不是我们求着公司给机会，也不是公司求着你去，而是双方基于能力和需求的双向评估和选择。所以，公司没有比我们高一头，双方是平等的。

心态放平就比较容易做到不卑不亢，再加上前面的认真准备，面试一定会发挥出应有水平，效果不会差到哪里去。

6.3.3 理解题目要点

有一次面试一位简历中写有"熟练掌握自定义控件"的 Android 开发者，我问他："通过继承 View 来实现一个自定义控件，一般需要重写哪些方法？"

他很快回答："onDraw。"然后就停住了。

我静静看了他几秒钟，他有点莫名其妙地问我："不对吗？"

其实不是他的回答不对，而是，他没有留意我的问题，没能抓到我想了解的要点——我的问题中，带了"一般"和"哪些"这两个关键词，是想了解一般性做法。

这就是面谈时比较常见的一个问题：答非所问。

出现这种情况往往是因为急于回答问题，没有抓到面试官想要了解的要点。

解决策略就是按下面的步骤来回答问题。

① 认真听面试官的问题，不要听到一半就开始猜测后面的话语，留意他的用词和语气等。
② 在面试官抛出问题后，先停顿几秒钟，琢磨一下他想问的到底是什么。
③ 如果琢磨不清楚，或者觉得问题很宽泛，就向面试官提问，请他澄清。例如，你可以问面试官"您是想了解官方文档推荐的标准做法，还是让我说说我实践过的做法？""升级方案需要考虑对老版本的兼容吗？""您想了解哪个具体方面的问题？"不要担心面试官会因为你提问而看轻你，提问代表你在思考，只有清晰了解问题才能准确回答。
④ 针对面试官想了解的方向作答。

6.3.4 结构化表达

面试时有一个常见的问题：求职者说了半天，面试官没搞明白他说的是什么。

我们从求职者的角度考虑这个问题，如果我们能够改善一下说话的方式和方法，就能提升沟通的效率，加深面试官对我们的理解。

下面是面试时常用的 4 种回答问题方式。

① 遵循 STAR 法则。
② 列清单。
③ 递进。
④ 总分总。

下面一一举例说明。

1. 遵循 STAR 法则

STAR 是 Situation（情境）、Task（任务）、Action（行动）、Result（结果）4 个单词的首字母组合。

使用 STAR 法则可以很方便地说明：在什么情况下，我接到了什么样的任务，采取了什么行动，取得了什么样的结果。因此它特别适用工作经历或项目经历的梳理，我在《程序员的成长课》一书的简历优化一章中曾经使用它来优化简历，现在我们要用它回答面试问题。

例如，面试官问你："描述一个你在项目中曾遇到过的难题，说说如何解决的。"

你就可以采用 STAR 法则来组织语言，参考下面的回答。

（Situation 部分）2017 年 2 月，公司准备做陪伴儿童的智能语音机器人，可以讲故事、唱歌、跳舞，还可以教英语。

（Task 部分）公司觉得我学习能力比较强，就安排我负责语音交互这部分。我之前从没有做过语音识别，完全没有头绪，但是我决定挑战一下自己。

（Action 部分）我先从网上搜索了各种资料，下载了各个知名的语音识别引擎，搭建环境，逐个测试效果，连续两个月，心心念念的都是这件事，每天晚上加班到 11 点，终于把语音交互的框架搭建了起来。

（Action 部分）这个项目还遇到一个很大的问题，硬件设计上一开始采用了全向麦克风，觉得小孩子在哪里说话都能收音，效果会比较好。可是 DEMO 出来后，放进商场，发现机器人总是识别不准指令（嵌套的 S 部分），项目经理就觉得我们语音识别部分的准确度比较低，责令我们改善（嵌套的 T 部分）。我经过反复测试，发现在安静环境下，语音识别的准确率很高。我就找硬件开发人员，带了一堆仪器，跑到商场去查，跑了 8 个商场反复测试，最后确认是全向麦克风的问题，它太容易受环境噪音的影响了。于是我们就考虑用指向性麦克风，先后换了单向、双向、心型麦克风……（嵌套的 A 部分）最后采用了心型麦克风（嵌套的 R 部分）。

"（Result 部分）后来我们的陪伴机器人上市，在同类产品中成了语音识别准确率最高的产品。"

STAR 框架把回答分成清晰的 4 个部分，便于面试官了解我做的事情，判断我的能力。

2. 列清单

清单，我们都很熟悉，看上去就是项目列表，类似"1、2、3""第一、第二、第三"这样的，我们写简历时经常用。这样的清单也可以在回答面试问题时使用。

例如面试官问："你对我们公司了解多少？"

你就可以采用清单的方式来回答：

"我提前做了不少信息搜集工作，有一些了解。"

"第一，行业方面……"

"第二，产品方面……"

"第三，研发团队……"

"第四，市场……"

"第五，从竞品来看……"

这样子的回答听起来就比较有条理。比下面的回答更容易显出你的语言组织和表达能力。

"有一些了解，你们的产品是 x，我还用了一下，据说某某公司也有类似产品，还有另外一家公司也有。嗯……你们所在的这个行业我很看好的，不过你们的产品好像用的人比较少……"

可以应用清单结构的问题很多，例如，离职原因，你可以一二三说个明白；例如，为什么要来我们公司，你也可以列出几条原因。

在回答时，明确地点出"1、2、3"这样的字眼会让别人更容易抓住要点。

3. 递进

有些问题在回答时可能会有前后顺序关系、深浅层次关系，此时可以使用递进式结构。把"首先、然后、接下来""现在、接下来、再往后""不仅、而且"之类能明显表示递进关系的词语嵌入回答中，可以凸显出层次关系。

例如，面试官问你未来 5 年的职业规划，你刚工作两年，可以这么回答：

"考虑到我现在刚入行没多久，接下来的两三年我希望继续在技术道路上积累，争取在大数据分析这个方向上建立竞争优势。再往后的两三年，我希望能够带一个小规模的团队发挥更大的作用。"

例如面试官问："假设你们经理离职，公司安排你顶上来接管你们研发部门，你打算怎么开展工作？"

你可以这么回答："首先我会和上司、公司沟通一下，看看他们对我的期待，弄明白我需要做什么、怎么做、如何获取资源和支持；然后我会和团队的骨干成员一一沟通，了解团队和项目的关键信息，了解他们的想法，维系他们的重要性，争取他们的支持；接下来我会和关联部门的负责人沟通一下情况；再往后，我会找出我们部门当下的首要目标，和大家一起完成，以此来让团队对我有信心，建立信任关系……"

4. 总分总

总分总是我们在汇报工作时常用的语言组织方式，回答问题时也可以使用。

例如前面我们用 STAR 法则回答的问题——"描述一个你在项目中曾遇到过的难题，说说如何解决的。"就可以在外面套一层总分总框架，具体是这样的：

（总）我遇到过不少难题，有一个项目让我印象深刻，它让我跳出了自己的舒适区，还让我发现了一个处理问题的一般性方法。

（分）2017 年 2 月……（这部分是 STAR 法则的内容）……

（总）通过这个项目，我获得了两方面的成长。第一，我掌握了语音识别技术；第二，我对如何跨部门排查软件问题有了……

这样的回答是不是更完整了呢？而且，我们在最后总结时又采用了清单的方式。

6.3.5 应对不会的问题

在面试中，你一定会遇到一些难以回答的问题。

例如面试官问："你有 X 的相关经验吗？"

你刚好没有，你会怎么回答？

常见的错误回答有两种。

错误回答一："有啊。上一份工作，我和同事就做过这块，做得还不错呢。"

这显然不是一个好办法，因为：

◆ 说谎。说谎很糟糕，因为在关键问题上诚实是很多公司看重的品质。而且，你说一个谎，后面就要用另一个更大的谎来掩盖，以后工作中就要处处小心，会很累心。
◆ 经验丰富的面试官很容易通过问一些问题判断出来你不具备 X 相关经验。
◆ 即便你当时骗过了面试官，进了公司，要做 X 相关的项目时也会因为技能和经验不足而面临工作难以开展的困境，甚至会面临被追溯被拆穿的尴尬。

错误回答二："没有。"

这样的回答虽然很诚实，但也是比较糟糕的。因为你这样回答，一来让谈话难以继续，比较尴尬，二来，你失去了把自己的经历和与职位相关的经历联系起来的机会，进而可能失去这个工作机会。

正确的回答是："没有，但是我有 XXXX 的相关经验，我分析了一下，X 和 XXXX 之间有很多相似的东西，它们在 a、b、c 这些点上都是一致的，而且，XXXX 中用的一些 d、e、f，实际上是可迁移到 X 的。"

"没有，但是……"这个简单有用的技巧包含了以下几个关键点。

◆ 你很诚实，谈到你做过的项目时，面试官会更愿意相信你所说的话。
◆ 转移了话题，将面试聚焦到你有经验的领域。
◆ 表明了你具有学习新技能的信心和能力。
◆ 用你以往成功的经历向面试官表明，你有信心可以做好新的项目。

所以请记住，在面试中遇到比较关键而你又暂时难以回答的问题，不要撒谎说"有""会"，也不要直接说"没有""不会"，而是要用"没有，但是……"，把你的过往经历和问题关联起来，创造更多的机会。

6.4 复盘

复盘，是把经历沉淀为经验的有力武器。想要把每一次面试都变成学习机会，促进自己的成长，就要善用复盘。

每一次面试结束，都要尽快找时间来复盘，可以简单做下面的事情。

◆ 回顾面试过程，一一记录问题和自己的回答。
◆ 对于知识性问题，温习或开启学习之旅。
◆ 对于非知识性问题，找到表现好的地方，问自己："怎样才能重复获得这样的表现？"例如，回答的态度、话术、内容等。
◆ 对于非知识性问题，找到表现不好的地方，问自己："下次遇到类似问题，采取哪些措施可以改善回答效果？"

第四部分　职场基本功

第7章

开发者的职场基本功

我的公众号"程序视界"后台收过这样两条消息：

09:04

我之前就因为这样做，被经理说了，最后被辞退

09:04

你好，安晓辉先生，我想问个问题，团队开发中，很多时候结果做出来的效果不是项目经理所愿，或者说要别人"擦屁股"，但我又觉得是项目经理没有把需求说清楚，你觉得应该怎么改正？

在"知乎"上也不断有人问我各种关于沟通、规划、计划、目标管理等方面的问题，这让我意识到其实我们在职场上能走多远，不单取决于技术，还取决于很多掩藏在专业技术之下的基础能力。

所以，这一章我专门挑了几项在软件开发工程师的工作环境中特别有用的基本功来讲一讲。

7.1 结果导向

结果导向，可能是职场中最重要，但也是最容易被我们忽略的规则。

7.1.1 先有结果，再论过程

2004 年，我在河北做程控交换机的维护工作。有一次某个镇的交换机出故障，导致所有固定电话不能使用，我奉命去解决问题。

去了之后，查软件，查硬件，换元器件，调整光纤，从早上折腾到晚上，没解决问题。

我和另外一个同事商量了一下子，决定继续调。结果熬了一个通宵，还没弄好，只能接着调。

我心想就那么几个零件、几个拨动开关，怎么着再花一天时间也搞得定。

结果呢？又折腾到晚上，还没弄好。

我们请教了公司的资深售后技术支持工程师，又请教了开发工程师，鼓着劲儿又折腾了一个通宵。结果，依然没弄好。

电信局、镇局、县局，上上下下各级领导都陪着我们。一开始频繁地问我们怎么样、需要多长时间，后来绝望了，让我们做好了再叫他们。

没办法，实在熬不下去了，我们向公司请求支援，程序员和资深的售后支持工程师从西安连夜赶过来……

程序员和公司总部的工程师来了之后，又熬了一个通宵，在晨光熹微之时解决了问题。

这个时候，我已经连着熬了 3 个通宵！一会儿没睡！

问题解决后，回到县局，局长请吃饭，局里运维口的伙计们频频向解决问题的小伙伴敬酒，夸赞他们技术好，我在旁边坐着，真有点无地自容的感觉……

那个时候，我第一次明白，在工作中解决不了问题，没有结果，你再努力也是白搭！只有在有结果的前提下，努力才可能被关注。

而之前，我和大多数人一样，觉得努力很重要，甚至有时候还会装作很努力。

例如，每天下班即便没有事干，也一定要比领导走得晚，领导不走，坚决不走。似乎在单位无所事事多耗点时间就能创造更多价值似的。

但实际上，在职场中你是不是加班，是不是每天忙得厕所都没时间上，这并不重要。重要的是，你必须要生产某个有价值的商品，提供某种有价值的服务，满足客户的期待。

也就是说，一个人的工作是否有价值，是以结果来衡量的。你对他人有贡献，满足了他人的需求，为公司做出了贡献，你的工作才有价值。

假如说你只是：

◆ 很努力、很辛苦，但是没结果。
◆ 装作很努力，实际上只是通过耗时间做样子。
◆ 不顾团队的目标、他人的需求和客户的期待，自己喜欢做什么就做什么，自己不喜欢的就阳奉阴违。
◆ 凡事只考虑自己有没有好处，有好处的抢着做，没好处的躲着不做。

那你就没有价值了。

所有的职业人士都要明白这个道理：你想做的事、你的喜好、你的愿望、你的努力都不重要。重要的是，你的工作有没有满足客户需求，有没有为公司创造价值。

7.1.2 行动前明确目标

明白工作中应该以结果为导向这个规则，还要搞明白你的工作结果是什么，才可能真地做出符合预期的结果。

实际工作中，有太多人搞不清楚自己要做的事情应该有什么样的结果。

经理大刘要小张打电话约候选人老徐明天到公司来面试。

第二天早上过了 10 点，大刘等不来老徐，跑来问小张："候选人老徐怎么还没来？"

小张"哦"了一声，说："我昨天给老徐打电话了，没人接。"

大刘很生气，责怪小张办事不靠谱。

小张很委屈，说自己打了好几次电话都没通，不是占线就是没人接。

小张被经理批评，冤枉吗？

一点也不冤！

因为类似打电话这种事情绝不是打电话这个行为本身，一定有其背后的目的，并且最重要的也是目的，而非打电话。

类似的情况，开发者也经常碰到。

例如有些经理就经常这么安排事情：

◆ "小袁，你这两天研究一下 WebRTC，看看怎么用？"
◆ "老王，你有时间看一下微服务，评估一下能不能用到我们的后台系统里。"
◆ "小李，这个 Bug 很急，你赶紧看看。"

接到这类任务的小袁、老王、小李往往是忙活几天，最后被批评——要么结果不对，要么时间超了……

而他们之所以被批评是因为经理并没有告诉小袁、老王、小李，他期望的结果是什么。

较真的人会觉得责任在经理，会觉得自己很委屈，甚至会因此对经理心生怨气。

经理当然有责任，然而，执行的人其实也有很大责任——没有搞清楚目标就开始干了。

在工作中，当我们接到一个任务，但所要的结果不清楚时，有责任先搞清楚结果到底是什么。

很多人会担心，问来问去会显得自己理解力有问题，或者会让任务分派者觉得自己在指责他讲话不清楚。

这种担心是职场新人常有的，但实际上是不必要的。因为一方面大家都希望事情能以符合预期的方式完成；另一方面，恰当的问题，也会反过来触发任务分派者重新梳理目标，这对大家都有好处。

所以，直接问那个分派任务给你的人，是明确目标的最有效方式。

但问哪些问题是有讲究的。

下列几个问题有助于明确目标的范围。

◆ 这件事的预期结果是什么？
◆ 结果的衡量指标有哪些？
◆ 什么时间出结果？

下面几个问题，有助于你更好地完成任务。

◆ 你希望我用什么方式来完成这件事情？
◆ 有谁和这件事相关，我们之间如何协作？
◆ 可能需要什么资源，找谁协调？
◆ 你希望我用什么方式和你同步状态？

7.1.3 公司结果决定个人的结果

当我们能够接受结果导向这个职场规则时，就可以接受另外一些看起来不那么合情合理的事实。

2009 年，有将近半年的时间为了重构互联网机顶盒的软件，我带领的团队紧张地工作。一周要上六天半的班，有四五个晚上要到十点半后下班。

值得庆幸的是，团队重构了网络传输模块、播放器、电子节目单等软件，大幅提高了机顶盒的稳定性，客户投诉率明显降低。

那一年，我们获得了公司内部的"最佳团队"称号。

但是，我却没有拿到年终奖金！

我的内心是崩溃的……

2010 年，我们采用全志的芯片，开发了新型号的机顶盒 F20，性价比和稳定性都相当不错，获得了合作运营商和客户的好评。

那一年，我的年终奖金是 4483 元。

我的内心，还是崩溃的……

后来的 2011 年和 2012 年，几乎就都没有年终奖金了……

每年年底，媳妇问我年终奖金发了多少，我心里都挺难受的。因为辛辛苦苦一年做出了一些产品并解决了不少问题，总盼着公司能发点奖金慰藉一下一年的辛苦付出。

然而，期待总是落空……

当时我会觉得不理解，现在想想，这样的状况完全是合理的。

因为，个人的工作结果，最终是要合并在公司结果中体现的。只有公司结果好，满足了客户需求，创造了价值，赚到了钱，才可能有可分配的利润。有可分配的利润才可能自上而下，从公司到部门、从部门到团队、从团队到个人来分配奖金。如果公司当年没有利润，自然是无法分配给员工的。

所以，我们要明白，结果导向既是个人化的，又是组织化的。

个人的工作"有没有价值，最终是要看其所在的整个链条是否满足了客户期待，创造了价值。

个人工作"有成效 + 团队工作有价值 + 公司创造了价值 + 市场认可公司的价值"，个人的价值才能得到回报。

这条结果导向的链条有一环崩断，个人都很难获得回报。

7.1.4 选择工作机会的通用逻辑

当我们理解了结果导向个人化和组织化的两层含义后，就可以推演出选择工作机会的一般性逻辑。

① 选择有前景的行业。
② 选择有前景的公司。
③ 选择身处核心价值链的部门。
④ 占据重要性高的职位。

如果你已经工作了三五年，可以看看自己分处不同行业的同学和熟人，分析大家目前的工作和生活状况；如果你还没工作，可以看看自己的父辈，找几个熟悉的人研究一下。

只要稍稍做点研究分析就能明白，趋势的作用远远大于个人的努力。

想想看，在北京，十年前进入一家报社做记者，是非常值得自豪的事情，假设你工作出色，到现在可能会评上高级职称、升上副处，但是，你的收入也就一个月七八千块。而假如你十年前进了北京的互联网公司，到现在很可能因为公司上市而获得指数级回报，即便没有遇见这样的好事儿，月均收入现在也有四五万元。

7.2 结论先行

结论先行是职场中通用的沟通方式。

在我们的工作中，有很多场景，例如，工作报告、回答问题、项目回顾、会议、周会、项目汇报、问题汇报、邮件等，都需要使用先说结论的策略来提升效率。

然而很多时候，我们又很难做到这一点……

7.2.1 先提供对方最关注的信息

客户希望公司的广告系统新增一些功能，支持自定义广告图片、显示时间和位置，这样他们就可以自己调整广告并监测效果。客户希望"十一"之前就可以使用新功能。

研发经理老顾让后台组的开发小黄带着小远一起完成这个任务。

9 月 28 日早上 8:30，老顾问小黄："系统明天就要上线了，做得怎么样了？"

小黄："小远这两天请假了，接口没法调。我明天下午也请假，准备国庆节和女朋友去云南玩儿。"

老顾："那就是明天没法上线了？"

小黄："这个我得确认一下，要是小远今天能……"

老顾："早跟你说过，客户催得紧！你一直说没问题！现在呢？要上线了你告诉我不确定？不确定你还想请假去旅游？我告诉你，明天必须上线，你今天必须弄好！知道吗？必须弄好！否则明天不准假！明天再弄不好，国庆节加班！"

老顾和小黄的对话很常见，也很典型。

老顾第一次问小黄，就是想要结论。但小黄先找理由，不但没说结论，还提出要请假。此时老顾心里的怒火估计已经要按捺不住了。

老顾第二次加重语气，用了反问，还是想让小黄给结论。小黄依然不说结论，还把火引向小远。此时老顾火山爆发了，毫不客气地一顿猛批。

其实，小黄只要改变一下说法，就可以少挨一顿批评。

9月28日早上8:30，老顾："系统明天就要上线了，做得怎么样了？"

小黄："上线没问题！现在就差和小远联调接口了，他前两天请假了，今天会过来，他来了我们一联调，就完成了。预计下午下班前可以完成。"

老顾："很好。客户催得很紧，要保证明天上线。"

小黄："我和小远争取下午完成，实在不行，今晚加班也能弄完。放心好了。"

老顾："很好！这样我就放心了。"

小黄："明天上线后，下午我想请个假，准备和女朋友去云南玩一趟。"

老顾："没问题啊，明天上线后让小远留下来盯半天，应对突发情况，你只管好好玩儿去。"

你看，这样是不是皆大欢喜？老顾得到了他想要的信息——明天系统可以上线，小黄按时完成了工作，也获得了可以请假的承诺。

这样的改变仅仅是因为小黄改变了汇报的顺序：先讲结论，再补充过程性的信息。

先说结论，可以在短时间内将必要的信息传达给对方，让对方第一时间获得他想要的信息。

要知道，大家工作都很忙，尤其是领导，有交付压力和绩效压力，非常关注结果，没有那么大耐性听你说东道西。只有他们时间充分时，才会关注进一步的详细信息。

所以，在和领导沟通和汇报时，一定要"先说结论"，这是职场中应用最广泛的沟通法则。

但有时候我们明明知道要先说结论，还是会采用"前因后果"的方式。这是为什么呢？

7.2.2 前因后果沟通习惯的背后

我们大部分人在与他人沟通时偏向 "前因后果"式：先说一大堆事情的起因、遇到了什么困难、付出了多少努力，然后才说事情做得怎么样。

这里有两个典型的原因：推卸责任，逃避惩罚；教育。

1. 推卸责任，逃避惩罚

2018 年 3 月月底，我老婆收拾了两包女儿穿不上的衣服要寄给老家的亲戚，叮嘱我尽快帮她快递。

结果时间到了 5 月份，我还没把两包衣服快递出去。

这期间，我们重复了七八遍下面的对话。

老婆："衣服快递了吗？"

我："哎呀，这两天特别忙，天天跑出去办事情，没来得及。忙过这两天一定给你快递。"

你发现没有？我一听到老婆问，第一时间就是找理由！因为我知道，她发现我没发快递肯定要数落我！所以，我先找个理由"堵"住她，这样大概率可以逃掉惩罚。

类似这种先摆理由的对话，经常在我和老婆之间发生。虽然每次都有真实的、各种各样的原因，但我下意识的目的就是推卸责任，规避惩罚。

你仔细研究老顾和小黄的对话就会发现，小黄的模式和我一样。小黄总是想先解释原因，然后再说出"不能按时上线"的结论。他这样做的目的也和我一样：推卸责任，逃避惩罚。

在职场中，一件事情如果是非常好的结果，我们潜意识里总是倾向于第一时间用最直接的方式告诉领导，以便获得奖赏；反之，如果结果不好，我们就会因为想"推卸责任、逃避惩罚"而故意把结论延后说明。

但实际上，在向领导汇报这种情境下，不论结果好坏，都要尽量"结论先行"，因为这是领导最关注的信息。

当你说了不好的结论后，领导一般会问"为什么"，这时再说出发生了什么事情以及你接下来的应对策略。

这是最自然的展开方式，也是相对"保险"的方式。

而如果你反过来，一开始就想用各种理由"堵"住领导的问责，往往会像小黄那样惹得领导抓狂，结果适得其反。

2. 教育

下面来看一看教育是怎么强化我们讲话、沟通、思维上的逻辑顺序的。

摘录两道语文课经常做的题目。

1）把下列句子按逻辑顺序排列。

① 这种建立在家庭联系与私人交往上面的社会网络。
② 为社区内的行为和个人的抱负提供了各种便利条件。
③ 北京四合院的社会功能十分突出。
④ 社区地域为平面的社会网络系统。
⑤ 使人有一种安全稳定感和归属亲切感。
⑥ 以家庭院落为中心。
⑦ 街坊邻里为干线。
⑧ 已经历了数代人。
⑨ 成为保持社会安定的宝贵因素。

⑩ 产生了一种凝聚力量和和谐气氛。

2）根据句子的逻辑关系，把下面5个句子排列组合成一段话（只填序号即可）。

① 当他们就在我们身边，甚至就是我们自己的时候，我们将会以什么样的态度、方式对待他们或自己？
② 深入了解作品内涵、鉴赏作品的艺术特色，固然是鲁迅作品教学非常重要的内容。
③ 因此，教学中要引导学生以作品为支撑，把学生引向对社会、人生的思考中来。
④ 阿Q、祥林嫂、鲁四老爷、未庄的人们、鲁镇的人们……他们是否至今都还"健在"？
⑤ 但是，我觉得更重要的是引导学生掌握他那种认识生活、剖析生活的方法。

还有更多类似的题目。

所有这些题目，都在教我们先后顺序和起承转合。

平常说话，父母也教我们按照事物的前因后果来说。"因为这样，所以那样。"

除了语文，还有数学，从小学一年级下半学期和二年级上半学期（写作本书时我女儿正读二年级下半学期），就开始强化我们的时序观念。

摘录两道题看看。

题1：

5. 芳芳乘车去看望奶奶，她上午8：15出发，路上用了2小时，她到奶奶家的时间是（　）。

题2：

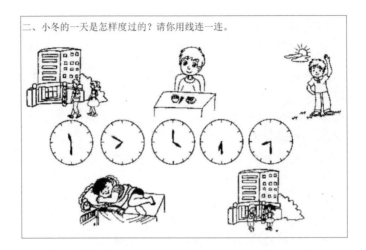

二、小冬的一天是怎样度过的？请你用线连一连。

到了中学，我们又学了各种各样的数学公式推导。

正弦的二倍角公式

表示一：$\sin 2\alpha = 2\sin\alpha\cos\alpha$

证明：因为 $\sin(\alpha+\beta)=\sin\alpha\cdot\cos\beta+\cos\alpha\cdot\sin\beta$，令 $\alpha=\beta=\theta$，所以，可得：$\sin 2\theta = 2\cdot\sin\theta\cdot\cos\theta$

余弦二倍角公式

表示一：
$$\cos 2\theta = \cos^2\theta - \sin^2\theta = 2\cos^2\theta - 1 = 1 - 2\sin^2\theta$$
证明：因为由和角公式：$\cos(\alpha+\beta)=\cos\alpha\cos\beta-\sin\alpha\sin\beta$，令 $\alpha=\beta=\theta$
所以，可得：$\cos 2\theta = \cos^2\theta - \sin^2\theta = 2\cos^2\theta - 1 = 1 - 2\sin^2\theta$

这些数学公式推导也都是因为……所以……，先……然后……结果是……

如你所见，无论数学还是语文都在训练我们"因为……所以"之类的顺序化的表达方式。假如你不按照这样的顺序讲，家长和老师就会说你讲话"逻辑混乱""前言不搭后语"。

所以，久而久之，我们会习惯于按先后顺序来讲话。

那么，怎样降低这种习惯带给我们的不良影响呢？

最好的办法就是有意识地训练自己，培养出结论先行的习惯。

7.2.3 怎样才能做到结论先行

练习结论先行可以分三步走。

① 明确需求，找到他人最关心的结论或信息。
② 组织自己要表达的内容，形成"总 – 分 – 总"的结构。
③ 按"总 – 分 – 总"的结构讲述出来（如果时间紧急，就只讲结论）。

开会、汇报、回答问题……都有一个需求，明确了需求才可以找到他人最关心的那个结论。所以，结论先行的前提是明确需求。

例如，老顾和小黄的对话，小黄必须先搞明白老顾最关心的问题是——系统明天能否上线（你光顾左右而言他，就是不提供老顾想要的信息，他当然会发狂）。

搞明白老顾关心的信息后，小黄就可以按"总 – 分 – 总"结构组织自己要说的话。

> 总——明天上线没问题。
> 分——现在的困难是……，我的应对策略是……，我需要你协调的是……
> 总——明天上线没问题。

脑海中组织完毕，就可以先第一时间给出老顾最想要的信息——明天上线没问题。

接下来观察一下，如果老顾还有进一步了解详细信息的倾向（很多时候领导一听没问题就不再进行下一步了），小黄就可以再展开说这两天遇到的问题，自己将采取什么措施。

最后再强调一下，明天上线没问题。

再例如，我和老婆关于快递衣服的对话，她的需求就是——马上把衣服快递出去。

> 总——还没发快递。
> 分——我这两天……我准备现在预约……
> 总——明天我肯定把快递发走。

当她下班回来时问我，我应该先暂停一下，在脑海中组织一下语言。

脑海中组织完毕，就可以先告诉她"还没快递"。

接下来她肯定要问"为什么？"我再告诉她这两天我有什么着急的事，然后告诉她我把发快递写在手机的待办清单中了。

最后强调一下，明天一定发走！

像这类因为"想逃避责任"而先说一堆理由的对话模式，都可以采用类似的方式来拆解。其中的关键是：先暂停，思索一下，组织好语言再回答。

像开会、邮件、工作报告等需要提前准备的场景，可以先强迫自己在纸上（或 Word 文档中）画出三部分。

```
总：本次会议（汇报）目的或结论
_____
_____

分：依据、事实、问题、协调事项
_____

_____

_____

总：重申结论
_____
```

画好后再来逐项填空，这样就能敦促自己按"总 – 分 – 总"的方式来组织内容。

把工作中每一次汇报、写邮件、开会、技术讨论、客户沟通等机会，都当作结论先行的练习，反复锤炼，慢慢就可以养成结论先行的沟通习惯了。

7.3 区分事实和判断

我们都很容易忽略事实直接陷入判断，甚至将自己的主观判断当作事实。然而实际上，我们的主观判断越多，就会越背离事实。

7.3.1 不说事实，只作判断

在工作中，我们肯定经常听到下面的话：

- ◆ 老白，你提测的版本根本不能用啊！
- ◆ 小齐，你这代码也写得太烂了。
- ◆ 小远，你这个人就是没有责任心。
- ◆ 小黄不会说话。
- ◆ 小张太自我了。
- ◆ 小温上班经常玩手机。

如果我们是被说的那个人，听到这些话一定会反驳。

- ◆ 我提测的版本怎么就不能用啦？说清楚点。
- ◆ 你代码写得更烂，还有资格说我！
- ◆ 你凭什么说我没责任心？你才没责任心呢！
- ◆ 你会说话？你会说话你还这么说我？
- ◆ 我自我怎么啦？我乐意，碍着你什么事儿啦？
- ◆ 你哪只眼睛看见我玩手机啦？你还不是天天看淘宝？

这就是在我们的工作和生活中天天都在发生的对话。这些话有一个共同点：不说事实，只作判断（评论）。

事实具有客观的、能看见的、任何人都不能否认的特性，他们通常是经由视觉、听觉、嗅觉、味觉和触觉捕捉到的。例如，餐桌上有一份披萨饼，这就是事实。

判断（评论）是指我们采用自己的视角观察事物所得出的主张，例如，我认为餐桌上的披萨饼很好吃，这就是判断。

一旦我们把事实和判断混为一谈，别人就会倾向于是听到了批评，就会启动自我防护机制，在第一时间反驳我们。

他人的反驳，往往也是带着情绪的判断（评价），力图抓住我们话语中的某个漏洞，在某个道德制高点上压倒我们。

这样一来，我们又会为自己辩护，或者企图寻找新的道德制高点反制对方。

几个回合之后，我们眼里就只有"如何说服对方"和"绝对不能让他得逞"这两点，就会忘了自己和对方说话的目的。

最后，事情往往就变得很糟糕——沟通的目的没有达到，还伤了彼此的感情。

7.3.2 不带评论的描述事实

人人都不喜欢别人说自己不好，我们听到有关自己的不良评价，第一反应就是反击。

所以，当我们想要通过负面评价，促使别人做出正向的改变时，往往会落空——因为对方只顾还击，根本就无暇在意你的目的是什么。

但如果我们能给出一些事实，让对方自己看到，他很可能就不会反驳你（事实无可辩驳），也能很快意识到自己的行为是不妥的，就可能自发地进行改变。

很多人也不喜欢那些模糊的正面评价，他们会觉得"太棒了""了不起""很厉害"之类的评价缺乏诚意，因为这样的评价方式，并不能让人明白自己哪里做得好，起不到建设性作用。

我们来试着改造一下前面的几句话，看看效果。

事实和判断混为一谈	描述事实
老白，你提测的版本根本不能用啊！	老白，你提测的版本，服务一启动就崩溃，无法继续下一步。
小齐，你这代码也写得太烂了。	小齐，你刚提交的代码，a1、b2、cde 这种形式的变量名有 13 处。

事实和判断混为一谈	描述事实
小远，你这个人就是没有责任心。	小远，你昨晚没有解决编号为 9527 的 Bug 就下班了，导致我们的上线计划延期。
小黄不会说话。	小黄昨天开会时说小张是一头蠢猪。
小张太自我了。	小张在办公室用手机外放听音乐，小远说"音乐太大声，干扰写代码"，请他带上耳机，小张说"怎么听音乐是自己的权利"，拒绝带耳机。
小温上班经常玩手机。	小温周一早上开会打了 15 分钟的手机游戏。

在我想要把上表左侧偏重判断的话语修改成只描述事实的句子时，遇到了很大的困难。这是因为：

◆ 我看到与自己价值观不符的行为，瞬间就有情绪反应。
◆ 情绪上来后，脑子里立刻就蹦出一个标签化的词语，不说很别扭，说了很痛快。
◆ 我习惯使用某些表示程度的词语，例如，总是、太、从不、经常、很少等，有时根本察觉不到我用了它们。

这样看来，我们忽略事实用相对容易的道德评价来对话是有现实原因的。

鉴于这几点，区分事实和评论（判断）的难度相当大。

所以，印度哲学家吉杜·克里希那穆提说"不带评论的观察是人类智力的最高形式。"

因为，不带评论的描述事实是非常困难的，所以我们才会避重就轻随口说出随意的评价，所以，我们的生活中才充满了误解和言语伤害。也正因如此，妥善处理这些现象，才更有意义和价值。

7.3.3 如何做到区分事实和判断

要做到区分事实和判断，可以参考下列要点。

① 找到具体的事实和行为，它们通常由五感捕获（一般困难）。
② 克服这些事实行为引发的情绪（较为困难）。
③ 谨慎用词，尽量只用名字和动词，少用带有情绪色彩的形容词、

副词，还要克服自己使用某些词语（例如，总是、太、从不、经常、很少等）的习惯（很难）。

要做到这3点，难度相当大。我们需要不断练习。

请选出那些只是描述事实和行为而没有评论的句子。

◆ 小黄能力很差。
◆ 早上小黄看见我，说我穿蓝色裙子很好看。
◆ 小张经常迟到。
◆ 小远在编程上没什么追求。
◆ 昨晚吃饭，说好老白请客，结果买单时他说没带钱包，搞到最后还是我付款，这家伙太小气了。
◆ 今天上班小温走出办公室7次，每次至少15分钟。
◆ 你一点都不在乎我。
◆ 小黄爱发牢骚，昨天一个劲儿地拉着我说老钱不重视他。

请把你认为是评论的句子，修改成描述事实的句子。

类似这样的练习，随时随地都可以做。

例如，你早上走路上班，看到天气很好，往往会感慨"啊，天气真好"，此时就可以试着用描述事实的句子来呈现你观察到的好天气——"天气晴朗，朵朵白云飘拂在蓝色的天空，有微风吹过竹林，鸟鸣声不断从竹林中飘出来"。

例如，你早上看代码时发现小黄昨天提交的代码没有写日志，忍不住会嘀咕"小黄这家伙总是不长记性"，此时也可以描述事实——"小黄昨天提交代码4次，3次没有写日志。"

养成一个新的习惯，培养一种新的能力需要一个过程。

一开始我们还是会经常性地忽略事实随口说出评价，此时可以每日反省，把今天说过的话捋一遍，挑出评价性质的话语，修改成描述事实的句子。

慢慢地，这种事后复盘式的练习就会形成习惯，一旦形成习惯，就会反作用于我们的意识，我们再采取一些提醒的技巧（例如，笔记本电脑屏幕下方粘贴写有"描述事实，拒绝评论"的纸条，钱包里放一张写有"描述事实"的卡片等），慢慢地就能有意识地用描述事实的句子替换掉"脱口而出"的评论，最终就能养成区分事实和判断的习惯。

7.4 如何请求帮助

工作中我们会遇到各种各样的问题，有时你被卡在某处，非常迫切地想要某人帮助你，可对方问东问西就是不愿意帮助你。这是怎么回事呢？

7.4.1 为什么没人愿意帮小倩

小倩是一名很有经验的测试工程师，她想在缺陷管理系统中针对某个软件项目做一个配置，为每个 Bug 添加必填的一个自定义字段，可试来试去就是做不到。

于是她打开百度，搜索答案。她花了一天时间，换了 14 个关键词，翻看了 400 多页搜索结果，也没找到自己的问题该怎么解决。

第二天早晨，小倩来找后台服务开发组的小黄帮忙。小倩和小黄的工作交集比较多，关系不错。

小倩："小黄，帮我看看缺陷管理系统呗，有一个重大问题。"

小黄："那系统是开源的，不是我做的呀。"

小倩："可你是做开发的呀，对软件比我熟悉，帮我看下，问题可严重了，只有你才能解决。"

小黄："可是我根本不熟悉那个缺陷管理系统啊。"

小倩："看一看吗，看看就熟悉了。"

小黄："我这手头上有个急事，老顾让我改的广告系统明天必须上线，我还没弄好呢，等我弄好了再说。"

小倩："那你什么时候弄好广告系统？"

小黄："明天吧。"

小倩："那我明天再来找你啊。"

过了一天，小倩来找小黄，没找见，问小远，小远说："小黄请假，去云南旅游了。"

小倩心里埋怨小黄不靠谱，可没办法，问题还要想办法解决，于是她就想请小远帮忙。

小倩："小远啊，你能帮我一个忙吗？"

小远："什么事情，你先说说看。"

小倩："也不是什么大事儿，就是缺陷管理系统，我想——"

小远听到"缺陷管理系统"几个字，打断小倩的话说："缺陷管理系统啊，我不熟悉啊。要不你问问你们经理乔娜？那是她搭的系统，她最熟悉了。"

小倩不是没想过问乔娜，可是自从"乔娜抢了她的经理位子"后，两人关系就比较尴尬，她怕乔娜这次会因为这个问题瞧不起自己。她也想过问测试组的另外两个同事，可她们两个都刚进公司没多久，问她们又显得自己水平不够。

小倩回到工位，又试了两个小时，还是没解决。琢磨了一阵子，她决定去问乔娜。

小倩："乔娜，方便吗？帮我看一个问题。"

乔娜瞥了小倩一眼，小倩感到这一眼里满含深意，她心想只要乔娜说一句不好听的，自己就立即怼回去。

乔娜："方便。什么问题，你说，只要我知道的，一定和你一起研究。"

小倩："就是个配置。"

乔娜："什么配置？"

小倩："缺陷管理系统的配置。"

乔娜："缺陷管理系统的什么配置？"

小倩："Bug 字段的配置。"

乔娜："你要配置什么字段？"

小倩察觉出乔娜的语气有点儿不善，心里莫名地升起一股怒火，脸上有点挂不住了。她摆摆手说："你不愿意帮忙就算了，我自己也能完成！"

说着，小倩转身走了。

乔娜看着小倩的背影，摇了摇头。

小倩先后找了 3 个人，非但没能得到有效的帮助，还落了满肚子的气。

然而实际上，问题并不在她请求帮助的对象身上，而源于她请求帮助时犯了两个基本的错误。

① 没有找到合适的人来问。例如，她问小黄、小远就不太合适，虽然他们是研发人员，但并不熟悉缺陷管理系统。
② 没有说出具体的请求。小倩问乔娜时，迟迟没有说明她遇到的具体问题，使乔娜一次次地询问，最终弄得不欢而散。

小倩的这次求助是一个反例，实际上，只要我们找到合适的人，并说出具体的请求，一般都可以获得帮助。

下面我们逐一分析。

7.4.2 找到那个对的人

遇见问题，只有请求知道答案的人帮助，才能最快解决问题。所以，我们首先要做的事情就是搞明白谁最可能知道答案。

例如，小倩遇到的缺陷管理系统的配置问题，搭建缺陷管理系统的乔娜就是最可能知道答案的人。而小黄和小远则是不大可能知道答案的人。

那么，怎样才能梳理出可能知道答案的人呢？

最基本的方法就是利用技能和经验来匹配。

这种方法要求你熟悉团队内、公司内的各位同事，了解他们擅长什么、做过什么。然后，分析你的问题，看看是哪个方向的，找到与这个方向契合的同事。

假如你自己找不到合适的人，也可以直接请教上司。上司的知识面往往比你要宽一些，很可能知道你所不知道的一些东西。

再退一步，如果上司本人不能提供直接的帮助，他也有能力推荐合适的同事给你，因为他更了解自己负责的团队成员的情况。

回顾小倩的求助过程，她在找最可能知道答案的人这一环节出了问题。如果她能放下自己心中对乔娜的芥蒂，很可能就会在第一时间得到帮助，而不必等到小远来告诉她。

7.4.3 说出你的具体请求

找到合适的人之后，在请求帮助之前，一定要：分析你遇到的问题，具体化你的请求，使你一说，别人就能明白问题是什么。

如果我们的请求模糊不清，别人就不知道我们想要什么，就无从入手帮助我们，甚至会因为无法评估要付出多少努力而选择回避。

例如，小倩找小黄帮忙，一直不说问题是什么，只说问题很严重，这样子小黄就很为难。因为不知道问题是什么，就无法判断自己能不能解决、需要花多少时间来解决，所以小黄就只好婉拒小倩的请求。

再例如，小倩找乔娜帮忙，乔娜问了 3 次，小倩都没能准确描述自己的问题。

既然具体化请求如此重要，那怎样才能做到呢？这里有两个要点：

① 界定问题。
② 拆解出方便回答的小问题。

我们首先要界定问题是什么。以小倩的问题为例，它可能是下面的哪个？

① 如何给 Bug 设置一个非标准的必选字段。
② 自定义字段怎样设置为必选。
③ 如何强制测试工程师在录入 Bug 时，填写某一项必要信息。

假如小倩的问题是第一个，那至少有两个解决方向：用自定义字段或者修改默认字段的名称。这需要小倩先做一些尝试，然后再来决定走哪条路，怎么求助。

假如小倩的问题是中间那个，那就是缺陷管理系统的配置问题，熟悉系统的人可以帮她解决，她自己查阅帮助文档也可以解决。

假如小倩的问题是最后一个，那就还有其他的解决办法，例如，规范作业流程、引入激励机制。

大家可以看到，不同问题解决策略是不一样的。假如你弄错了问题，就没办法找到你想要的答案。

界定完问题，接下来就要评估问题的大小，如果问题比较大，那就进一步分析，从大问题中拆分出阻碍你前进的小问题，向别人请教这个（些）小问题如何解决。

像 "如何给 Bug 设置一个非标准的必选字段"这个问题，就可以进一步分析。分析后你就会发现，有两种方式可以实现：自定义字段和默认的必选字段。再接下来可以逐一实验，有一条路通了，问题就解决了。

假如两条路都走不通，那就先选择某一条路，拟定问题，请求帮助。例如，小倩研究后发现，默认的必选字段是全局的，修改后会影响缺陷管理系统中的所有项目，只能通过自定义字段来实现，那她的问题就演变成"如何给 Bug 增加一个必选的自定义字段"。

这个问题又可以拆分成两步：增加自定义字段和设置自定义字段为必选。小倩很熟悉自定义字段，那她的问题就变成了"自定义字段怎样设置为必选"。这就是一个非常具体的问题了，她可以拿这个问题去请教乔娜或熟悉缺陷管理系统的其他人。

关于如何具体化请求，我们再举一个开发新人小杜的例子。

老顾分配了一个 Bug 给小杜解决，希望他通过解决这个 Bug，快速熟悉项目。

小杜领命去做。

过了半天，小杜来找老顾，期期艾艾地说："老顾，我不知道怎么做。"

老顾说："什么不知道怎么做？"

小杜挠挠头说："就是，有点无从下手的感觉。"

老顾说："什么叫无从下手？"

……

小杜遇到的情况是很多开发新人都会碰到的：拿到一个任务，根本不知道如何下手。但如果你采用小杜这样的求助方式，那遇到质询就是很自然的事。

首先，他的请求——"我不知道怎么做"，真的是非常模糊的，被请求方根本不知道他遇到了什么问题？需要什么样的帮助？

所以，必须先界定问题，看看自己的问题是什么。

- ◆ 不了解这个 Bug 是怎么回事。
- ◆ 不知道这个软件的开发环境是怎么搭建的。
- ◆ 不知道这个软件的测试环境是怎么搭建的。
- ◆ 不熟悉业务，理解不了软件的应用场景。
- ◆ 不知道如何重现 Bug。
- ◆ 不知道找谁确认这个 Bug。
- ◆ 不知道怎么用 git 拉取代码。
- ◆ 代码编译通不过。
- ◆ 编译出的程序跑不起来。

可能很多人遇到像小杜这样的问题一下子就蒙了，想不出来第一步应该做什么，更拆分不出来方便回答的小问题。

这往往是因为没有建立起分析问题的框架或缺乏经验，不知道怎么"破题"。此时可以稍做调整，以获取框架或流程为第一个阶段。

例如，小杜可以问老顾："老顾，咱们解决 Bug 的一般流程是什么？"

这样老顾就可以告诉小杜："先和测试人员确认 Bug 的具体情况，接着确认代码版本，然后拉取代码，尝试修改代码解决 Bug，自测，提测新版本……"

小杜得知这个流程后，就可以先做第一步 —— 与测试人员确认 Bug。

此时如果小杜还有各种"不知道"，就比较容易拆分出很多具体问题，例如，编号 9527 的 Bug 该找哪个测试？怎么在缺陷管理系统上查看 Bug？

带着这些问题去找人问，就很容易获得帮助。

总结一下，要想获得别人的帮助，一定要最大限度地降低别人伸出援手的门槛。所以，当我们在工作中遇到各种各样的问题和障碍，需要请人帮忙时，一定要自己先动脑思考，准确界定问题，然后把大问题拆分成别人方便回答的小问题，再根据问题找到拥有相关知识、技能和经验的人来问，这样成功的概率就会大幅提升。

7.4.4 有效表达你的感激

通常我们在获得别人的帮助后都会说一句"谢谢"或者"非常感谢，你可是帮了我的大忙了"之类的话。但这样的话，对方听了之后，其实不知道你具体感谢他什么，也不大明白他做的事情对你有多大帮助。

《非暴力沟通》一书提供了一种"非暴力沟通表达感激的方式"，运用这种方式表达感谢，能让帮助我们的人知道他所做事情的价值，会让帮我们的人更为开心。"非暴力沟通表达感激的方式"包含三部分。

① 对方做了什么事情使我们的生活得到了改善。
② 我们有哪些需要得到了满足。
③ 我们的心情怎么样。

在表达感激时，这三部分的先后次序并不重要，只要我们感谢的话语之中包含这三部分就可以了。

测试工程师小陶在 APP 上线前一天晚上找到了一个闪退 Bug 的重现方法，她打电话向开发经理老赵说明了情况。

老赵等小陶兴奋地说完，打着哈欠懒懒地说了一句"哦，太好了，谢谢了"，然后就挂了电话。

小陶听着手机里传来的嘟嘟声有点失望——好像老赵不怎么重视这个问题啊，白忙活一晚上。

如果老赵听小陶说完后，用非暴力沟通表达感激的方式来回应："小陶，这个 Bug 虽然出现概率很小，可是如果随着版本流出去，在用户那里出现，可能导致我们遭遇大量的投诉（免于投诉的需要），幸亏你找到了重现的步骤（小陶做的事情），这让我们可以很快找到出 Bug 的原因，并能快速验证（解决 Bug 的需要），谢谢你，我心里终于踏实了（心情）。"

那小陶的心情肯定会大不一样——哇，原来这个 Bug 的影响这么严重，老赵都一直担心呢，我的努力蛮有用的嘛！

请把自己想象成小倩，体会一下两种表达感激的方式给你带来的差异。也可以回忆一下你在生活中帮助别人时，别人是如何感谢你的，体会一下你的感受。

经常做这样的回顾或复盘就会发现，通常我们所用的笼统的感谢方式，例如用"你很棒""你真了不起""你真不错"这样的话赞扬别人，对方虽然可能会高兴一会儿，但这种高兴往往很快消散，接下来他可能就会觉得迷惑，甚至会觉得你不真诚、不够重视他的贡献。这是因为，他不知道你在表扬他什么，他不知道他做了什么事情给你带来了帮助。

而当我们采用具体的方式表达感激，明确描述对方做了什么事情、给我们带来了什么帮助、我们的心情是什么样子的，对方很容易就会感到我们的真诚，也很容易知道他所做事情的价值在哪里，进而会由衷地高兴。

7.5 通过反馈帮助别人

2005 年 4 月，我找到了第一份软件开发工作，做 ADSL 拨号客户端，初始界面类似 Windows 98 自带的 ADSL 拨号界面，如下页图所示。

那时我刚自学了 C 语言，没有任何编程实践，总是担心自己的进度赶不上有经验的同事，对代码的追求停留在功能和速度上，在预计的时间内，只要写出来的东西能跑就非常开心，至于代码的好坏还完全没有认知。

在 ADSL 拨号界面上，用户单击"连接"按钮，就会调用到连接函数 connect()，该函数负责连接 PPPoE 服务器。

我在这个函数里实现了正常的连接逻辑、错误处理逻辑，还加入了应对使用 GetDlgItemText() 之类的方法获取密码的逻辑，整整写了 200 多行代码！

在 connect() 函数中有 4 个代码片段，是我通过复制、粘贴、修改变量名整理出来的，看起来非常类似。

后来我的一位上司找到我，说你的代码逻辑清晰，功能实现上没有任何问题，但有些细节上可以做得更好，例如，把相似代码封装成一个独立的函数、把不同功能的代码拆分成单独的函数……

这位上司的一番话给我指明了改进的方向，我在接下来的工作里，利用版本迭代的机会，对代码做了改进，也从此开启了限定条件下精益求精的编程之路。

我从自己的经历中意识到，别人的意见往往会带给我们很大帮助。

这是因为，每一个别人，都拥有一些我们不知道的技能、方法、经验、认知和思维，可以从不同的角度丰富、增益、提升我们的效率。

但现实中，我们很少花时间帮助别人。

我们看到同事或上司犯错误时不愿意指出来，我们看到新人做事时摸不着头脑也懒得告诉他们更加有效的做法，我们抱怨团队工作效率低下却不愿积极给予他人反馈……

我们很难改变别人，要求别人积极反馈，但我们可以改变自己，从自己做起，积极地提供和接受反馈意见，当我们的改变足够明显就会被别人看到，就能影响更多的人，最终导致整个团队的工作效率得到大幅提升。

7.5.1 表面反馈与深度反馈

反馈分为表面反馈和深度反馈两种。

表面反馈一般指对别人做得好的一面予以表扬和感谢，它又可以分两种情况，在别人表现不错时给予肯定，或者在别人没有达到预期结果时，肯定其表现出的闪光点或付出的努力。

例如，老钱夸小周"你代码里的变量名起得很好，让人一看就知道是什么意思。"

例如，小黄加班到凌晨 3 点解决了问题，上线了广告系统，老顾对小黄说"辛苦了，你的努力很有成效。"和小黄一起奋战的小远，对小黄说："小黄，要是没有你，我真不知道该怎么办。"

例如，小黄对老白说："老白，你是咱们团队的顶梁柱啊。"

所有这些都是表面反馈。

深度反馈是指根据别人的表现，提供有针对性的、建设性的改进指导。这样的建议很可能比较尖锐，但却是一个人提升自我所必需的。

例如，我的上司告诉我："将实现类似功能的代码封装成公共函数供有需要的地方调用，代码会更好维护。"

例如，老白建议小黄"学习一下常见的设计模式，在开发中有意识地运用设计模式，提高自己代码层面的设计能力。"

例如，小温发现老白讲课时总能把大家讲瞌睡，就给老白提议，希望他讲课时能先想想大家对什么感兴趣，讲的时候还要根据大家的反应适时调整。

所有这些都是深度反馈。

7.5.2 感谢他人

我们都希望获得他人的尊重、肯定和赞扬，都希望确认自己所做的事情是有价值的，都希望确认自己是重要的，这是一种情感上的诉求。如果这种诉求得不到满足，我们就会怀疑自己被领导和团队边缘化，就会担心自己的位置。

所以，如果我们能够适时地对别人做得好的地方进行表扬和感谢，就可以满足他的这种情感诉求，他就会知道自己什么时候、哪里做对了，就会觉得自己的努力和付出是有价值的，就更愿意重复类似的行为，就更愿意积极的工作。同时，被感谢的人也更愿意和我们互动。

根据情景可以把感谢他人分为两类：

① 在别人表现出色时及时肯定。
② 在别人表现不好时寻找闪光点进行感谢。

例如，小冯给大家介绍微服务，自己画了一张图，很好地阐述了微服务的基本架构。

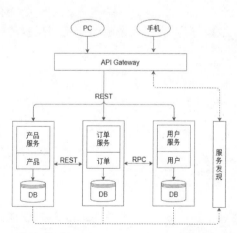

小温说："小冯，你讲得太好啦！"小黄也点头说："嗯，是很不错。"

小温和小黄的称赞虽然相对比较笼统，但小冯听了依然很受用，觉得自己的努力和付出被别人看到了，下次再讲课他肯定还会精心准备。

老白也跟着大家夸小冯："小冯你这张图画得非常好，简洁明了，大家一看就明白微服务该怎么架构了。另外，你在这么短的时间内准备了这么丰富的内容，很好，我觉得你非常出色！"

小冯听了老白的话，打心眼里舒服，他觉得老白讲话比小温和小黄水平高多了。

实际上，老白感谢小冯的话有两个关键点。

① 指出了一个具体的东西——图，并加以称赞，让人感觉到他的用心。

② 针对小冯这个人本身，称赞其"非常出色"。

这也是我们在感谢他人时可以学习的地方。

当别人表现出色时，我们比较容易对他们表示感谢。当别人表现糟糕时，表示感谢就比较困难了。

这时，我们要看结果是不是由当事人可控的因素造成的。

还是举小黄上线广告系统的例子。

小黄加班到凌晨3点，解决了问题，准备发布广告系统时，公司大楼停电，直到早上7点45分大楼的电才恢复。因为停电，计算机和网络无法使用，新的广告系统无法按照作业规定在凌晨3~5点这个时间段上线。

停电期间小黄一直在公司等待，直到来电。小黄看允许更新线上系统的时间已过，就没再操作，等到8点，打电话告诉老顾情况。

这时，老顾该怎么回应小黄呢？

假如老顾劈头盖脸一顿臭骂，一定会伤了小黄的心，很可能导致小黄以后不再这样努力和用心地工作。

正确的做法是，对小黄付出的努力和取得的成绩给予肯定，同时对他的遭遇表示同情和理解。

例如，老顾可以这样说："遇上大楼停电这样的事情，你心里肯定也很窝火。没关系，这不是你的错。你辛苦了一晚上，解决了问题，做好了准备，这非常好，谢谢你肯这么投入。至于系统上线的事情，我马上和客户沟通一下，看能不能现在实施……"

这样小黄的感觉就会好多了。

无论结果如何，我们都应该对别人付出的努力给予诚挚的感谢。

更难的一种情况是事情的不良结果，是由当事人的某种行为导致的。这时我们往往会毫不迟疑地埋怨、指责当事人，很难反过来，找什么闪光点来感谢当事人。

这时，能做到同情当事人就相当不错了。

我有一个同事，有一天晚上远程登录服务器更新程序，其中有一个实施步骤是配置 IP 地址。为了让配置立即生效，他禁用了网卡，打算再启用时，发现自己和服务器的连接中断了！他当下就傻掉了，打电话问我怎么办。

半夜三更被电话叫醒，我有点生气，再一听他说自己远程禁用了网卡导致程序没法更新，我真想骂他一顿——这可是低级错误！然而转念一想，我也干过这事儿，就冷静了一下并对他说："兄弟，我也干过这事，我知道你的感受。希望我们能牢牢记住这种事情，以后不要犯同样的错误。我这里有电信机房的值班电话，马上发给你，你打电话让他们帮忙重启网卡。"

类似这样的情况，大家可能都会遇到。我们要注意的是，指责和批评并没有用，它们不但不能让结果反转，还可能引来当事人的自我辩护，进而导致彼此的不愉快，更坏的是，当事人以后可能会回避做类似的事情，或者粉饰问题。如果那样，对大家都是不利的。

7.5.3 提出建议，帮助别人提高技能

提出建议是深度反馈，其目的是帮助别人提高技能、开发潜力。这时我们应该侧重于对人们的工作内容和工作方式进行指导，也就是就事论事，也只有这样，对方才不会产生强烈的抵触情绪。

请记住，我们给别人提建议，绝不是要改变这个人，而是提供一些方法、思路，供对方选择使用，以便把事情做得更好。

提建议时有几个关键点。

◆ 等别人准备好时再给建议。
◆ 提前说明目的。
◆ 尽量采用积极和肯定的形式。
◆ 提出具体的建议。
◆ 建议条数不要超过 3 条。

我们依次来说一下。

1. 等别人准备好时再给建议

并不是所有人都欢迎建议，甚至有的人很讨厌别人给自己提建议。所以，我们要等别人准备好时、需要建议时，再提供给他。

不要给打定主意混日子的人提任何改进的意见。

有两种提建议的情景比较常见。

一种情景是你和当事人一起共事，实现共同的目标。在工作的过程中，你发现他采用的一些方法效率较低，他个人的进度缓慢，有比较强烈的改进意愿，或者他正为如何提高工作效率而苦恼。

我们要留心观察自己的工作伙伴，才能识别出这种情况。

另一种情景是当事人找到你，寻求帮助。

有一些积极、主动的人会经常问身边的同事，想要获取深度反馈。如果你遇到这种情况，就尽管告诉他你所发现的他可以改进的地方。

我们自己，也可以经常这么做，不过注意，想取得效果你一定要让别人觉得对你说实话是安全的。

2. 提前说明目的

建议很容易被当作批评，因为你告诉别人他应该这样做，实际上也是在说他现在的做法不是特别好。所以，我们在给别人提建议前，要提前申明目的，避免别人以为你在批评他。

例如，你听了小冯的微服务分享，觉得内容不错，标题欠佳，后来又看了他写的一些其他文档，也存在这种问题，于是你想把自己知道的拟定好标题的几个方法告诉他。

那在开始之前，你可以先说明"小冯，我想和你讨论下怎么起好标题的事情。"

小冯听到这样的话，心里就会对接下来要谈的话题有所准备，就更容易接受你的建议。

假如你一上来就说："小冯，你第一页的标题应该这样……第二页的标题应该那样……"小冯就比较容易产生反感。

3. 尽量采用积极和肯定的形式

类似"别动""千万别那么做""你不该那么做"这类否定形式的建议，一方面情绪比较激励，比较容易引起反感和反驳；另一方面它们其实很难让对方知道他应该做什么，反倒可能让对方重复不该做的事情（你告诉一个人不要想喜马拉雅山的猴子，他一定会去想）。

所以，多用"尽量这样做"，少用"最好别这样做"；多说"你这样做会更好"，少说"你这么做是错的"。

例如查看代码的时候，你发现小远的代码中变量命名很随意，都是 a1、b2、abc 这种没有任何含义的字母，严重影响代码阅读，此时你可以告诉他："小远，用完整的英文单词或短语做变量名会更好，我们阅读时一看就明白这个变量是干什么用的。"这就是积极肯定的形式，小远会更容易接受。假如你说："小远，你这样给变量起名字不行！"这就是消极否定的评价，小远无法得知"怎样命名变量才对"这个正确的方向。

再例如，老钱安排小周做技术分享，给大家讲 H5 Video 怎么用，小周准备了一份 PPT，每一页都密密麻麻填满文字，讲的时候照着 PPT 念，效果很不好。分享会结束，你就可以给小周建议："小周，下次分享时，PPT 只呈现从待讲内容中提炼出的关键词，讲的时候根据关键词的提醒展开论述，效果会更好。"

4. 提出具体的建议

查看代码时，老钱发现小齐的代码不大规范，想建议他改进，就告诉小齐："你代码过于凌乱，要规范一些。"

小齐听了点点头，可是再次查看代码时，代码规范方面并没什么提高。老钱有点儿生气，以为小齐阳奉阴违，不拿自己的建议当回事儿。

其实呢？这是因为老钱的建议太模糊，小齐听了不知道怎么做，所以就没做。

如果老钱注意到这一点，就可以换种说法："小齐，给你提几条代码规范方面的建议，照着做，写出来的代码会更好读。第一，变量命名用有意义的英文单词，遵循驼峰命名法；第二，缩进用 4 个空格；第三，左花括号统一放在新行起始位置；第四，单个函数代码控制在 40 行内；第五……"

这样的建议非常具体明确，小齐一听就知道该怎么做。

5. 建议条数不要超过 3 条

如果建议条数太多，例如一次 20 条就会让人望而生畏，失去改变的勇气。

例如，上面老钱给小齐的建议，第一、第二……第五……条数太多，小齐听了要么记不住，要么觉得改的地方太多。

比较合适的数量是 1~3 个，这样改变的难度比较小，别人比较容易行动。

7.6 追随上司

一提到追随上司，大家就很容易想到跟屁虫、溜须拍马、阿谀奉承……然而，实际上并非如此！

7.6.1 赞成上司的提议

老顾是"想看视频科技有限公司"后端团队的研发经理，他们面对用户的终端产品是移动端 APP——想看视频。

想看视频 APP 从 2009 年上线，到现在（2018 年 5 月）持续运营接近 9 年，累计下载量达到 3 亿多次，日活超过 200 万。在长视频领域算是小有名气了。尤其是"想看视频"拥有各大体育赛事的转播权，是体育迷们必备的应用。

不过随着用户量的上升，最近两年有一个比较棘手的问题，一直困扰着老顾：每到世界杯、欧洲杯、美国篮球职业联赛等重大体育赛事，后台服务系统就会崩溃、响应延迟，新用户无法注册，老用户体验受损。

经历了多次这样的服务灾难后，老顾痛下决心要对后台服务系统"动刀子"。他想推动团队向 Golang 技术栈转型，使用"Golang + 微服务 + Docker"的方案解决 AMS（应用管理系统）并发服务能力差的问题。

2018 年 5 月 21 日 9:30，老顾主持团队例会，大家依次汇报上一周的工作情况。

盘点完团队情况后，老顾咳嗽两下，清清嗓子，说："各位，想必最近大家都很头疼，经常半夜三更被我叫起来维护系统。客观原因是美国篮球职业联赛来了，大量用户使用我们的 APP，日活从 200 万激增到 600 万，导致我们后台的老毛病又犯了，崩溃啊、没响应啊，搞得我们疲于应付。"

老白听了老顾的话，使劲点着头应和道："是啊，简直要把我"惹毛"了，要不是怕你给我"穿小鞋"，早把你电话拉入黑名单了。"

老白的话引来一阵哄笑。

老顾也跟着笑笑，咳了两下，等大家安静下来他继续说："这样的状况,确实很令人头疼啊,而且就跟月经一样,每月都有那么几天……"

大家笑声一片。

老顾抬手下压，示意大家噤声，他接着说："所以呢，为了免去大家这种周期性的痛苦，我准备搞一个大动作！"

说到这里老顾停下来环顾大家，大家又好奇又期待地看着老顾。

老顾说："听说 Golang 对并发支持得很好，微服务比较容易扩展，Docker 动态部署非常方便，所以，我想用"Golang+ 微服务 + Docker"这个组合重写我们的AMS，彻底解决困扰我们3年多的问题！"

想看视频的应用管理系统原本是用 Java + Groovy + Grails + Tomcat + MySQL 这样的技术组合实现的，大家都没用过 Golang，也没接触过这两年刚兴起的 Docker 和微服务。因此，听到老顾准备用一套完全陌生的技术来重写 AMS 时，大家面面相觑，会议室鸦雀无声。

老顾用期待的眼神扫视了一圈，最后眼光停留在老白身上，老白现在是后台架构师。

老白摇了摇头，看着老顾说："老顾，你这么做太冒险了，绝对不行！要知道我们现在维护的是一个运营了 9 年的、成熟的、稳定的系统，每天 200 多万用户在用。你知道这 9 年里，系统中一点一点加进来多少东西吗？数都数不过来！现在要用一个大家都不熟悉的技术来重写整个系统，难度太大了，相当于整个过程重走一遍，鬼知道系统什么时候才能完成！风险太大啦！我反对这样搞！"

老顾微笑地看着老白，等他说完，老顾转向小黄，小黄转头去看老白。老顾接着看小远，小远低头不语。老顾接着去看团队里唯一的女孩儿小温，小温红唇微启，却没说话……

大家都觉得有点儿尴尬，老顾脸上的微笑也慢慢僵化，就在这时一个声音忽然响起："我觉得老大说得没错，Golang + Docker + 微服务值得一试！"

老顾闻言霍然转身看去，是上个月刚入职的小冯。

老白看着小冯说："你才来一个月，Bug 还没改一个，根本不了解系统有多复杂！万一出点问题，负得起责任吗？"

小冯脸一红，看向老顾，见老顾微微颔首，他坚定地说："其实我们可以分步骤引入 Golang 和微服务，不用一下子全部改掉。例如，新增的某个服务，用 Go 实现，通过 Rest 接口或 RabbitMQ 和老系统交互，这样老系统只需要做一个转换层，改动不大。同时，我们再来改造原来的服务，技术不变，还用 Java 这套，我们只在服务粒度上拆分，慢慢拆成一个一个的微服务……"

小冯说着，小黄、小温等都慢慢开始点头，老顾脸上的笑容再次活泛起来，他频频点头。

等小冯说完，老顾立即接口："小冯讲得特别好，我正是这个意思，我们要分步分期地慢慢改造，而不是一下子全转过来。老白的顾虑也很有道理，我们的系统演进了八九年，非常复杂，一下子动大手术恐怕病没治好人先死了。所以，接下来我们这样，老系统先不动，维持现状。老白来梳理一下最近的新需求，周三提供一个清单给我。小冯熟悉Golang 和微服务，这两天找点资料整理一下，周三给大家先分享一下，关于系统这块有什么问题，你直接问老白，他在这块最有发言权，没有他不懂的。其他人先做手上的事情……"

在上面的故事里，小冯做了一件非常及时的事情：站出来支持上司的提议。小冯的举动解了老顾的尴尬之围，同时他还消化了老顾的提议，做了进一步的细化，提出了新服务、新技术和老服务做适配的分治策略，让改造看起来更可行。

小冯这种做法就是在追随上司。

上司一个人无法完成大项目，最初的支持者非常重要。所以，如果你是职场新人或者新加入一个团队，暂时还没有别的途径展现自己的能力，那就做好追随上司的角色。

追随上司不是让你做跟屁虫、溜须拍马，而是在适当的时候赞成上司的提议。要赞成上司的提议，首先要能理解提议的内容，并且用自己的方式影响其他人参与和支持。

例如小冯，他提出的分治策略，一方面让老顾的方案可以落地，支持了上司；另一方面让维护老系统的开发者可以使用熟悉的技术实践微服务这种新技术，这样对老系统的开发者没有威胁，他们也愿意支持。

7.6.2 帮助上司实现目标

除了在上司提议时赞成之外，还有一个很重要的举措，让你能用实际行动追随上司。这个方法就是：帮助上司实现他（她）的目标。

从公司的角度看，存在 3 种目标：公司目标、团队目标和个人目标。三者的关系如下页图所示。

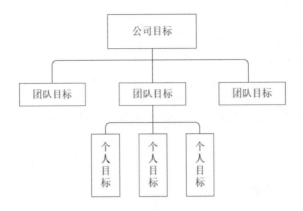

公司目标是顶层目标，经过层层分解，落实到一般的开发者身上，就成了开发者的个人目标。很多开发者在工作中会重点关注这部分明确分配到自己身上的目标，其他的一般不管也不问。

研发经理等管理者的目标是其所管团队所有人的目标之和，再加上分配到他个人身上的目标，如下图所示。

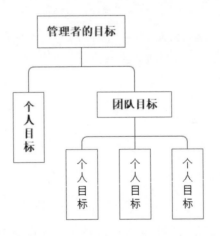

管理者既要实现自己的目标，又要协同所有团队成员完成他们的目标，需要照顾方方面面的事情，这里肯定有他们不擅长的事情或者做起来投入产出比不高的事情。那么，当他们在做这些事情时，就会忙乱或受挫。如果此时能有人理解他的目标，补齐他的短板，主动帮助他承担一些事情，他就会非常开心。

在帮助上司实现目标这件事情上，秘书、助理等做得特别好。但是企业不大可能给一般的管理者配置"秘书"角色，而这些一线、二线的管理者实际上又特别需要有人能帮他们做一些事情，因为杂七杂八的事情实在是太多了。

以软件开发团队为例，每一个项目都有很多开发工作之外的杂活儿需要研发经理来处理。

◆ 组织会议。
◆ 讨论需求。
◆ 讨论 UI。
◆ 制订开发计划。
◆ 开发计划执行与跟踪。
◆ 开发者工作状态搜集、更新、同步。
◆ 项目状态更新。
◆ 培训客户。
◆ 培训售前。
◆ 培训运维。
◆ 培训售后。
◆ 为新成员介绍项目。
◆ 培训新成员。
◆ 搜集问题（Bug）。
◆ 不同模块开发者之间的协调。
◆ 撰写各种会议的 PPT。

这些事情中，一定有上司不愿意做或做不好的事情，找到它们，你就可以主动把这些事情揽过来做。

对，主动站出来，主动揽过来！

大部分的开发者因为觉得：

◆ 麻烦。
◆ 影响自己的技术精进。
◆ 老替领导干事儿，影响自己在同伴中的形象。

而躲避这些事情。

但实际上，你来做这些事情，一方面可以帮助上司，让他更好地完成其他事情；另一方面，自己也可以得到锻炼，培养管理、组织、协调、沟通、表达、凝聚力、执行力等各种能力，为以后更好地工作奠定坚实的基础。

我有位朋友，在 IBM 西安分公司做开发，技术水平在他们那个部门只能排到第四五位的样子，但他属于领导眼中什么杂事儿都可以做的人。例如，大家下午开会晚了要订盒饭，就让他打电话；领导出差去北京，有事情要安排别的同事做，就让他传口信儿；某个产品要发布，现在还有哪些问题，也让他搜集；开周会，项目状态、每个人的状态，也让他汇总后发邮件；团建吃饭找地方也让他来定，回头报销时还是让他找票据……诸如此类，大部分开发者避之唯恐不及的事情，他不但来者不拒，还努力做到领导满意。

他很明白一点：如果想晋升的几个人实力不相上下，那最终有晋升机会的往往是和上司协作更顺畅，上司更了解也更信赖的那个人。

2015 年，这位朋友的领导晋升二线，一线经理的位置空出来，他顺利升职，成了新的一线经理。

上司有更好的发展取得了成功，外界才会关注到他的这个团队，继而才可能会关注到你。我们经常听到"某某团队里的谁谁"，却很少听到"谁谁在的那个某某团队"。

所以，在能够完成个人目标的情况下，请尽可能尝试着去理解上司的目标，主动去做一些事情，解放上司的精力，让他去做更擅长、更重要、投入产出比更高的事情，让他能够更好地达成他的目标。这样做，对上司成功有帮助，对团队目标有帮助，对个人发展亦有帮助。

7.7 超越上司的期待

在职场中，上司是你的"关键先生"，"不断超越上司的期待"非常重要，会在很大程度上决定你的未来发展。

7.7.1 小周和小齐的在线音乐播放器

有一个客户找到公司，要做一个在线音乐播放器，要求能播放客户曲库中的歌曲，并且可以在播放当前歌曲时，关联推荐一些用户可能会喜欢的曲目。

前端团队的经理老钱和客户讨论后，画了下面的线框图。

老钱对客户说，刚开始设计用户界面，可以从居中前置的音乐播放器这个页面入手，在播放器下面放几个推荐曲目的缩略图，这几个推荐曲目是根据正在播放的歌曲选出来的。

客户觉得老钱说得很有道理，但他表示，要看了实际效果后才能进一步讨论具体情况。

老钱答应客户一天后出一个在线的DEMO，转回头，老钱找到两个实习生小周和小齐，说了客户的大概要求，然后把线框图分别发给他们，让他们一人做一个DEMO，第二天下午13:30演示，14:00给客户看。

听完老钱的吩咐，小齐转身走了，小周留下来，问了老钱几个问题，得到老钱答复后，点着头走了。

第二天上午10:30，小齐找到老钱，说DEMO已经完成。老钱让小齐发个链接给他，小钱通过QQ发了一个压缩包给老钱，说解压后双击文件夹下的index.htm文件就可以看到效果。

老钱面色阴沉地解压文件，双击index.htm，看到了下面的界面。

老钱看着小齐做的 DEMO，页面显示正在播放朴树的《平凡之路》，可播放时间不会变化，"播放"按钮点了没反应，图标状态也跟"正在播放"的提示不符。老钱心里的火气慢慢升腾起来，脸色阴沉得厉害。他又点点推荐歌曲 1、2、3，没有一个有反应的。老钱大叫一声："小齐，你过来！"

小齐快步小跑到老钱工位旁。

老钱："你这做的是个静态界面啊，整个一点反应都没有啊！"

小齐："你给的线框图不就是静态的吗？"

老钱："这样的 DEMO 和线框图有什么差别？"

小齐："一个是图，一个是静态网页！"

老钱："网页点什么都没反应和图有什么区别！"

小齐："……"

老钱："还有，为什么是一个压缩包？为什么不是一个链接？"

小齐："……"

老钱："回去重做，记住两点，要有交互，要提供 URL 给我来访问。"

小齐尽管心里不明白，也没敢再问，转身走了。

老钱摇了摇头，心想这帮实习生还真让人头疼。

看到 QQ 头像闪烁，老钱点开一看，是小周发了一个链接给他，说 DEMO 完成。有了小齐的经验，老钱对小周也不敢抱什么希望了，觉得他可能和小齐差不了多少。

老钱打开链接，看到了下面的界面。

小周居然把老钱最喜欢的歌——黑豹乐队的《Don't break my heart》放进了 DEMO 里。播放器上显示了黑豹乐队的专辑封面，看起来感觉不错。再一细看，时间轴居然在走动。难道真的在播放？老钱带上耳机，果然是窦唯的声音！他点了下"播放"按钮，哟，真的暂停播放了，他再点一下，继续播放。

这大大出乎老钱的意料，他摘下耳机站起来，冲着小周喊："小周哇，你这个 DEMO 搞得不错！简直是太好啦！真正能用、可操作！"

小周赶紧跑过来，小齐也跑了过来。

小周问："老大，你看看还有哪里要改进一下的？"

老钱："推荐的歌曲能播放吗？"

小周："能！"

老钱点了下"无地自容"，嘿，真能播放！

"小周哇，你这算是惊艳到我了！不到一天时间能做成这样，了不起！"老钱说："来，说说你怎么做的？小齐，好好听着，学习一下。"

小周："我用 Node.js 起了一个简单的 http 服务，服务端放了 4 首歌，两幅海报。音乐播放用的就是 H5 Audio，推荐是写死的，不过我找歌时考虑了艺术家和类型这两种关联方式。"

老钱用力拍拍小周的肩膀，说："不错！不错！你这个 DEMO 切实可用，大大超出我的预期！关联推荐考虑的两种方式也完全正确。了不起！"老钱说着，看看小齐："小齐啊，这个项目就交给小周负责，你协助他，后面的事情你们俩一起完成。"

好啦，故事暂停，我们来分析一下小周和小齐的做事方法有什么不同。

从结果上看，小周超越了老钱对他的预期，而小齐则让老钱大失所望。

从言语和行为上看，小齐被老钱询问时企图逃避责任，有点消极被动；小周被老钱呼唤时，说的第一句话体现了积极主动的态度。

因为这些差别，两个人接下来的发展出现了分化：老钱给了小周更重要的角色，让他负责这个项目；而小齐，则是协助的角色。

从小周和小齐的故事我们看到了"超越上司的期待"是如何影响一个人在团队中的发展的。

7.7.2 超越期待的螺旋与让人失望的螺旋

职场中的人根据关注点的不同，可以粗略分为两类。

① 从我要什么出发，优先关注公司能给自己的各种待遇，薪水、福利、职位、假期等，只有确认公司可以满足自己的期望时，才愿意投入地做事情。

② 从我能做什么出发，优先关注公司对自己的要求，关注谁带自己、和谁共事、做什么事情、职位需要什么能力、能从哪里学到。

从我要什么出发的人往往有"先收钱再干活"的潜意识，给多少钱，干多少活，钱给不到位就不能干活或者少干活。

这样的人经常会有公司对不起自己的感觉，在工作中，慢慢会进入让上司失望的螺旋。

失望的螺旋是这么形成的，上司给你难度为 10 分的任务，你因为不满，往往只做出来 8 分。而上司看到你只能完成 8 分，下次就会给你难度为 6 分的任务。此时你感觉到上司给你的任务还不如原来重要，就更不愿意做，只做出来 4 分。然后呢，上司一看，你的结果只有 4 分，就会给你更低难度的事情……

这样发展下去，在上司的眼中你会越来越不靠谱，越来越没有价值，最终的结局就是被淘汰，如下图所示。

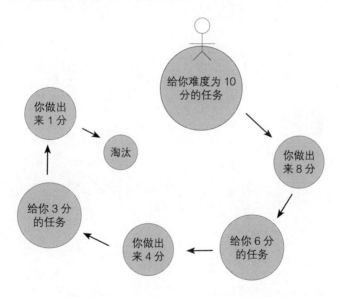

从我能做什么出发的人往往有"先播种再收获"的习惯，更注重自己做了什么事情，创造了什么价值，收获了什么知识、经验，培养了什么技能。

这样的人倾向于认为，先有价值再说价格，先有付出再有收获。

所以他们无论做什么事情都先努力做好，即便暂时对待遇不满意，他们也会尽职尽责地把事情做好。因为他们知道，自己不仅是在为公司做事，也是在为自己做事——做事情才能让自己成长，变得更有价值。所以，他们往往可以进入超越上司期待的螺旋。

超越期待的螺旋一般是这样形成的，上司给你一个难度为 10 分的工作任务，你尽心尽力做到了 12 分，上司一看，哎呀，这个人有潜力又积极，接下来就会给你一个难度为 20 分的任务。你一看，觉得上司信任你，并且新任务也更有挑战，完成后自己收获会更多，就再次积极投入，做到了 26 分。上司一看，哇，这人靠谱，决定给你更重要、更有挑战的事情……

这样发展下去，你做的事情难度越来越高，越来越重要，你的角色也越来越重要，越来越难以替代，最终会在团队中拥有关键的位置，成为核心成员，如下图所示。

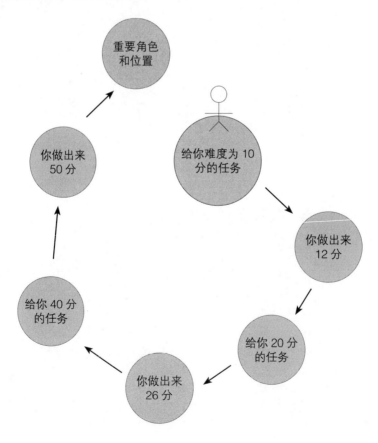

7.7.3 怎样超越上司的期待

很多人在接受任务时，什么也不问，什么也不确认，上司说做什么，直接就去做。这样往往会造成彼此的误解，最终导致上司失望。前面我们看到的小齐，之所以让上司老钱大失所望，关键点就在于他没有把握住老钱的期望。

所以，我们在接受工作安排时，一定要明确工作的目的和内容，与上司达成一致。

认真确认以下5个关键点，可以大幅提升正确把握上司期待的概率。

① 确认工作的背景和目的。
② 明确具体的工作成果指标。
③ 明确交付时间。
④ 确认工作的质量要求。
⑤ 明确优先顺序。

我依次说明一下。

1. 确认工作的背景和目的

上司往往掌握与一项工作相关的背景、目的等信息，但他在传递工作要求时，却往往会因为下列几种原因而略过这部分的介绍。例如：

◆ 觉得下属没必要了解那么多，只要照自己说的做即可。
◆ 认为这些背景信息不言自明。
◆ 嫌麻烦，以为下属遇到不明之处会主动来找自己确认。

所以，当我们接到上司分配给自己的工作时，一定要确认工作的背景和目的，即便工作只有一项，也要仔细确认。

例如小齐，如果和老钱确认清楚 DEMO 的背景和目的——支持相关推荐的在线音乐播放器，可能就不会做一个静态页面放在那里了。

再例如，研发经理让你组织并主持一个项目的回顾会议，可能也不会说明为什么要开这个会议，但你一定要确认回顾会议的目的是什么——总结经验、表彰还是检讨，否则会议就有可能变成漫无目的的聊天。

2.明确具体的工作成果指标

在开发者的日常工作中，接到的很多工作指示都比较模糊，例如，老钱给小周和小齐的音乐播放器DEMO，例如，有的研发经理给下属的"研究一下 WebRTC ""实验一下微服务"等。这时我们一定要问出来。

◆ 上司想要的结果是什么？
◆ 结果有哪些组成部分？
◆ 每个部分的结果是什么？

例如，老钱说："照着这个线框图，做一个在线音乐播放器的DEMO。"

这个指示其实就很模糊，而这时如果你像小齐那样转身就准备去做，如果你对DEMO的理解和老钱不一样，那恐怕接下来不但会被批评，还会被要求返工重做（小齐就是这样的）。

正确的做法是，分析上司没有说明的部分，根据自己的理解做出假设，与上司沟通。

例如，小周可能会这么说："老大，我理解了一下你的要求，我说说，你看我的理解对不对。这个DEMO首先要实现基本的在线音乐播放功能，能播放服务器上的音乐，然后要支持基本的播放操作，例如暂停、时间与进度条显示，第三，还要能展示几首关联的歌曲。"

然后老钱可能就会说："嗯，能做到这三点就不错了。"

随后，小周做出来的DEMO，功能比当时确认的更完整，每个细分功能的结果也更合理，那肯定会超出老钱的期待，获得上司的赞赏。

有的人可能会说，如果我想不到用什么东西来细化上司提出的模糊要求呢，怎么办？

其实还有一个最直接的办法，就是放下自我，直接问一句"老大，这个DEMO 都要实现哪些功能？"

虽然这样可能会被老钱批评，但你弄明白要求后，接下来就不会有太大的偏差，就能避免更糟糕的结局。

3. 明确交付时间

上司交给你的每一项工作都必须明确时间期限。没有截止时间的工作不可能完成。

明确交付时间时，不是简单地接受上司给出的时间期限，而是要对做的事情进行一下评估，看看自己能否在上司要求的时间期限内完成，如果明显无法完成，甚至差别很大，那就要说出自己的看法，与上司讨论交付时间的合理性，或者进一步沟通，在确认了质量要求和优先顺序后，再返过头来确认交付日期。

一旦明确了截止期限，就要竭尽全力去达成。

在完成工作的过程中，要周期性地评估工作进度，看自己能否按期交付。如果发现不能，还需要评估能不能采取一些措施（例如，加班、改进工作方法、调整工作项的顺序、请人帮忙等）来保证交付。在确认没有措施能赶上交付日期时，要尽早告知上司，请他来做进一步的判断。

4. 确认工作的质量要求

所谓"质量要求"，就是要弄明白衡量每一项工作的关键指标。

例如，在线播放一首音乐，首次缓冲等待时间就是一个关键指标。如果用户点击一首歌，要等10秒钟才能开始播放，那是让人无法接受的。

不同的工作项有不同的质量要求。例如，播放视频会有音画同步的要求；类似余额宝这样的金融类产品，财务方面有严格的正确性要求；一个软件项目的测试工作，有覆盖率、时间周期、用例数量等各种要求；手机 APP 的用户模块，有登录方式的完备性要求；一份工作报告会有数据准确性、完整性等要求。

只有明确了工作的质量要求，我们才可能做出超越上司期待的结果。

5. 明确优先顺序

在明确具体的工作结果指标时，我们说一个工作任务往往可以拆分成多个组成部分。那么，在交付日期确定的前提下，这些组成部分之间就存在优先顺序。

例如，老钱交给小周和小齐的 DEMO，时间只有一天，那肯定就需要排一排优先级，基本的播放器界面结构是优先级最高的，接下来是音乐播放功能，再接下来是歌曲的切换功能，再接下来是歌曲搜索功能……

这是同一个工作任务内不同工作组成部分之间的优先级。明确了这个优先级，如果我们评估进度，发现不能按期交付，就可以选择砍掉优先级低的任务项，保证优先级高的先完成。

在实际工作中，开发者手上往往还有其他的日常工作或各种突发状况，例如，跟随测试进度修复已提测版本暴露出来的 Bug，应对来自产品经理的新需求，此时就需要确认应该优先处理哪项工作。如果你自己无法判断，不要擅自决定先做哪个，也不要哪个逼得急就做哪个，要请上司来做决策。

7.7.4 沟通与反馈

当我们明确了工作的目的、内容和具体要求，并掌握了工作的优先级，就可以更好地开展工作了。

在工作的过程中，要实时与上司沟通，反馈你的工作进度和遇到的问题。

沟通有 3 种常见的触发方式。

① 周期性触发，例如，日报、周报、日会、周会、月会。
② 基于项目节点的沟通，例如，达到某个里程碑。
③ 基于问题的沟通，例如，遇到某个阻碍你前进的问题。

沟通的方式可以分为书面和面对面两种。

有的上司喜欢看邮件，有的上司喜欢让你当面汇报。

我们要根据上司的特点来选择更有效的方式。

技术从业者和上司的沟通相对直接一些，掌握几个基本的技巧，例如，结论先行、就事论事、用事实说话、用逻辑说话等，就能取得不错的效果。

如果你想做得更好，可以看一些书，例如《关键对话》《非暴力沟通》《内向者沟通圣经》《高效演讲》《所谓情商高就是会说话》《蔡康永的说话之道》等；也可以参加一些课程，专门学习沟通艺术。当然，只做这些是远远不够的，更重要的是不断地、有意识地练习和调整。

7.8 怎样坚持计划，实现目标

你很想精通某种技术，让自己的薪水翻倍。

你很想构建自己的知识体系，进阶为熟练的开发者。

你很想学习一下 AI，让自己跟上时代的潮流，也享受风口带来的红利。

你很想成为某个技术方向上的专家，在业界拥有名声。

......

你有很多的想法，有的还没付诸行动就夭折了，有的落地执行了三五天就放弃了⋯⋯于是你会感到沮丧，觉得自己就是没有长性，不能坚持，甚至认为自己不配享有想要的那些东西⋯⋯

但实际上，你没有开始做一件事或者不能坚持你的计划，可能仅仅是因为没有用正确的方法做事。如果采用了合适的方法，以符合规律的方式做事，很可能你就能坚持计划，实现目标，得到你想要的。

从这个角度出发，为了让你能够更好地做事，坚持计划，实现目标，我们将在本节中提供下列方法和工具来辅助你。

① 两步滚动法。
② 具体化你的目标。
③ 下一步行动。
④ 任务清单法。

开始行动吧！

7.8.1 两步滚动法

今天中午你要吃西红柿鸡蛋面，家里除了天然气、灶、电、水、油、盐、酱、醋，没有任何其他材料，那你要想吃上西红柿鸡蛋面，可能需要做下列 27 件事情。

① 列购物清单。

② 买西红柿。

③ 买葱。

④ 买鸡蛋。

⑤ 买面条。

⑥ 回家。

⑦ 洗西红柿。

⑧ 削西红柿。

⑨ 打鸡蛋。

⑩ 洗葱。

⑪ 切葱。

⑫ 剥蒜。

⑬ 热炒锅。

⑭ 放油。

⑮ 煎鸡蛋。

⑯ 把鸡蛋盛出来。

⑰ 放油。

⑱ 放葱花。

⑲ 放西红柿。

⑳ 放鸡蛋。

㉑ 放水。

㉒ 小火炖。

㉓ 关火。

㉔ 用锅烧水。

㉕ 下面。

㉖ 捞面。

㉗ 浇西红柿鸡蛋卤。

但是你会在想吃西红柿鸡蛋面时就站在那里，想清楚这 27 个步骤，然后再开始行动吗？

不会！

大部分人都不会这么做，即便是喜欢秩序和按计划行事的程序员，也不会这么做。

你的第一反应是去超市或菜市场买东西。到了超市，你拿了西红柿，马上会想到要买葱，拿了葱，马上会想到要买鸡蛋，拿了鸡蛋，马上会想到买面条……

停一下，看看这是什么节奏？

是不是：在做完一件事之后，快速开始下一件事？

有经验的全马选手在跑马拉松之前都会勘察路线，隔一段距离寻找一个显眼的事物作为标记，在正式比赛时，他不会想着一下子跑完，而是会盯着离自己最近的标记，跑到这个标记后，再以下一个标记为目标，不断更换下一个目标，有节奏地跑完全程。

他们的节奏是不是：在抵达当下目标后，快速锁定下一个目标？

留心观察你就会发现，生活中的大部分事情都是以"做完 T1，立马做 T2"这样的节奏向前推进的。即便是非常宏大的目标，在执行时，也是按这样的方式进行的。

这种方式，就是两步滚动法，即完成当前任务后，快速切换到下一个任务，往复循环直到实现目标。这个过程可以用 C++ 代码来表示。

```cpp
while( true )
{
  executeCurrentTask();

  if(isTargetFinished()) break;

  switchToNextTask();
}
```

上面的代码非常简单，有 4 个关键部分。

① while 循环：这个循环用于滚动我们的"两步"，推动我们不断靠近目标，直到实现。类比我们的工作和生活，它对应一个公司项目或者个人项目的实现周期。

② executeCurrentTask() 方法：它表示了一个具体任务的执行过程，这个"具体任务"就是我们在做项目过程中落地执行的"下一步行动"。

③ isTargetFinished() 方法：它判断目标是否完成，其中肯定包含了：a) 目标完成的标志；b) 如何衡量项目结果是否达到了相

应指标的方法。这属于如何将目标具体化方面的内容。

④ switchToNextTask() 方法：它用来切换任务，而要切换任务，就必须有一个任务清单和一个调度任务的算法。

接下来，我们就展开来描述 2、3、4 三个步骤所关联的目标管理方法。为了叙述方便，会按照下面的顺序来介绍。

① 具体化你的目标。
② 下一步行动。
③ 任务清单法。

7.8.2 具体化你的目标

一个有效的、具体化的目标，需要具备下列特征。

◆ 结果可衡量。
◆ 结果可感知。
◆ 有实现策略。
◆ 有时间约束。

稍稍展开一下。

1. 可衡量性

结果的可衡量性，可以通过量化或者行为化的方式来体现，同时，相应的量化指标和行为数据还要容易采集。

所谓"量化"，指的是结果要有特定的工作指标来界定，例如，客户满意度 99.9%，销售额达到 1000 万元，这就是量化指标。

所谓"行为化"，是指针对那些可以通过行为来衡量的结果（通常难以有阶段性的量化指标），例如，我的订阅号"程序视界"每周发布 4 篇文章，小米的 MIUI 系统每周更新一次。

2. 可感知性

结果可感知，指的是目标完成所带来的变化，应该是能让人感知到的。即从现状到结果之间的差距应该比较明显，能看得出来。

例如，某个女孩原来体重 150 斤，减肥后 90 斤，这个变化就很容易让人感知到，看一眼就能知道效果，如下图所示。

有句古话，"士别三日，当刮目相待"，说的也是这个道理。

如果你给自己定了一个目标，这个目标完成后，产生的变化你自己几乎感知不到，那你肯定是没有动力去完成的。当做与不做差别不大的时候，大多数人都没动力去做。

3. 实现策略

实现策略，指的是一个目标，应该与实现目标的手段相关联。

例如，减肥的实现策略就是饮食和运动。

例如，3 年赚 100 万元，它的实现策略可能是转型成为算法工程师、转型做 AI 产品开发、拍电影、做自媒体、开淘宝店。

一个没有实现策略的目标就像等着天上掉馅饼一样，很难实现。

4. 时间约束

时间约束这一点很明白，你的目标必须有一个时间期限，没有时间约束的目标算不上目标。

现在我们来看一个目标：我想变得苗条一点。大家说这个目标怎么样？符合我们前面说的 4 点吗？

不符合，对吧。

改造一下，新的版本可能是：

我想在 2019 年结束时，通过饮食调整，把体重控制到 130 斤，腰围控制在 2 尺 6 寸。

现在给大家几个目标，请大家把它变成一个符合具体化原则的目标。

◆ 我要学会 TensorFlow。
◆ 我要多读点书。
◆ 我要让领导重视我。
◆ 这个项目一定要顺利完成。

7.8.3 下一步行动

再回顾一下我们前面提到的做西红柿鸡蛋面的例子，你到了超市后，拿西红柿、拿葱、拿鸡蛋，这些任务是不是径直走到蔬菜区，拿了放到篮子里就行了？

不需要琢磨"怎么拿西红柿""怎么拿鸡蛋""怎么拿葱"，对吧？

这些就是下一步行动。

所谓"下一步行动"，就是某一件事情的下一个可以直接去做的步骤。

"下一步行动"是两步滚动法的第一个关键。

如果你的脑袋里只装着一件事情，即下一步行动，就可以立刻开始工作，也能够专注、高效地完成这一步行动。

问题是，很多人都知道要聚焦在下一步行动上，可往往不知道怎么拟定一个"可执行的下一步行动"。这也是我们的很多计划失败的重要原因。

幸运的是，《小强升职记》一书给出了撰写下一步行动的 4 个秘诀。

① 动词开头。一个好的行动应该是以动词开头的，例如，"打电话给某某""准备会议资料""回复 E-mail"等，以动词开头才能保证它具备可执行性。

② 内容清晰。例如，"准备会议资料"，虽然是以动词开头，但是描述得不是很清晰，"需要准备哪些资料""几点开会""会

议上要提出什么问题"，这些都需要进一步落实。所以说，这样的下一步行动是失败的。

③ 描述结果。在任务开始之前对想要的结果进行描述，描述得越清晰，产生的能量就越大。例如："早晨9点带着做好的计划书在1号会议室讨论营销计划，说服与会者认同我的营销方案。"

④ 设定开始时间、周期、最后期限。在设定了这三个和时间有关的属性之后，就可以更合理地安排自己的时间，把握行动的进度，照顾别人的时间。

如果你能够按照上述4个秘诀来拟定"下一步行动"，就有90%的可能找到"可执行的下一步"。所谓"可执行的下一步"，往往是简单到你只需要迈出右脚就行了。假如你还要考虑到底是迈右脚还是迈左脚，就说明你的下一步存在未决定因素，不能立刻开始。

如果你的下一步行动还能像"拿鸡蛋"一样拥有非常容易感知的变化（拿到没拿到，差异很明显），就更容易执行了。

例如，你初学 C 语言就一定要先把开发和执行环境搭建起来，这样你写一个 printf("Hello World!\n");，立马就能运行，看到计算机桌面上弹出的黑色窗口和白色的" Hello World!"，这种能直接感知的变化就会激励我们继续学习下去。

再举个生活里的例子，你现在腰围3尺2寸，你要变成2尺6寸，那就先买3尺的裤子，再买2尺8寸、2尺6寸的裤子，你每天穿裤子时，就能强烈感受到腰围给你带来的烦恼，有变化时，也能一下子体会到：哇哈，终于系上扣子了。

下面是几个下一步行动。

◆ 周一早上 9:30 之前给经理发周报。
◆ 3 月 1 日下班前确认效果图是否到位。
◆ 今天下午 3 点购买电子秤，在京东下订单。

7.8.4 任务清单法

再回顾下前面用于描述"两步滚动法"的代码。

```
while( true )
{
  executeCurrentTask();
  if(isTargetFinished()) break;

  switchToNextTask();
}
```

在这段代码里，switchToNextTask()方法用于开启新的任务。要开启新的任务，有两种做法。

① 想啊想啊想一个出来。
② 从任务清单上拿一个过来。

第一种方式，代码表示如下。

```
#ifdef _WIN32
  #define MSSleep(x) Sleep(x)
#else
  #define MSSleep(x) usleep((x)*1000)
#endif
TaskInfo* switchToNextTask()
{
  while(true)
  {
    MSSleep( rand() % 1000 );
    if( isThereANewTask() )
    {
      return new TaskInfo();
    }
  }
}
```

可以看到，当你现想一个新任务时，花费的时间是不确定的。有的人会晃荡两三天也想不起来接下起来要做什么。他们的状态如下图所示。

第二种方式代码表示如下。

```
TaskInfo* switchToNextTask()
{
    return takeATaskFromList();
}
```

从链表摘取头节点的耗时可以忽略不计。也就是说，如果你有一个任务清单，当你做完当下的任务后，开启新任务几乎不花时间。这样你才能真地滚动起来。

这种方式如下图所示。

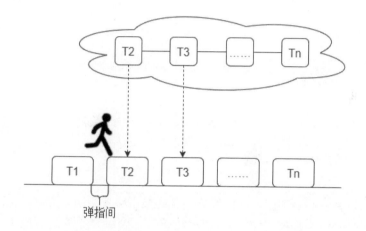

所以，任务清单是两步滚动法的第二个关键点。

那么，怎么才能从目标演化出任务清单呢？

答案是：逆向节点法。

先来解释一下什么是逆向节点法，它里面有两个概念。

① 节点，指内容或产出物方面的里程碑，就是某个项目的关键度量点。
② 逆向，即倒推，从结果往开始反向演绎。

现在，我们可以理解逆向节点法了。所谓"逆向节点法"，就是从项目结果开始倒推，不断去设想要达到当前这个结果，需要先达到哪个节点。

例如，你有个目标是"做一款运行在 Android 平台的清单

APP"。这是一个大目标，如果不拆分往往无法开始，想着想着就放弃了，如下图所示。

重要目标

所以，我们必须把大目标拆分，逆向节点法就是用来拆解目标的。例如，可以这样寻找"做一款清单 APP"这个目标的关键节点（里程碑事件）。

- ◆ 从结果出发，第一个节点就是：在 Google Play 发布 APP 。
- ◆ 要发布，必须先完成 APP 的测试。
- ◆ 要完成测试，必须先完成开发。
- ◆ 要完成开发，必须先完成设计。
- ◆ 要完成设计，必须先定义功能。
- ◆ 要定义功能，必须先定义问题。
- ◆ 要定义问题，必须先访问目标用户，探索用户为什么需要清单 APP，需要什么样的清单 APP。
- ◆ ⋯⋯

很快，你的关键节点就都列出来了，目标看起来也没那么难实现了，如下页上图所示。

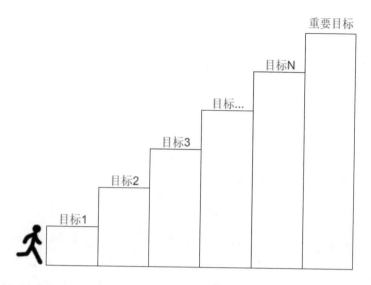

然后对每一个关键节点（子目标）再次运用逆向节点法，如此循环，直到每一个子目标最终演化出任务清单，如下图所示。

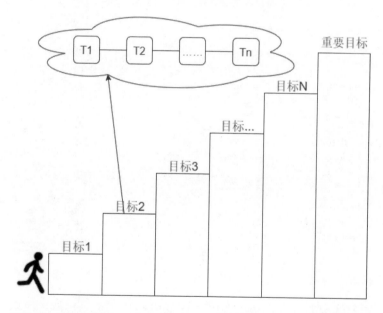

当你有了任务清单，就可以运用"两步滚动法"，开始滚动前进了。

注意，很多时候你不大可能拆解出所有关键节点的任务清单，某个关键节点的任务清单中，也不可能都是可执行的下一步行动。实际情况往往是：你从一个关键节点（子目标）拆分出来的任务清单，其中只有前两三个是可执行的下一步行动，其他的都是待确认的模糊描述。不过这样并不影响你前进，只要你在做当前任务的间歇，逐个把那些不清晰的任务拟定清楚，保证目标清单中总是有下一个可执行的任务即可。

7.8.5 持续成长的关键代码

我们个人的职业生涯可能长达三四十年，是由若干个阶段性目标串接起来的。每个阶段性目标都可以用前面给出的代码来描述。

```
while( true )
{
    executeCurrentTask();

    if(isTargetFinished()) break;

    switchToNextTask();
}
```

如果我们把每个阶段性目标都当成职业生涯中的一个小小的任务，那么，职业生涯就可以套用上面的代码来描述。按照这样的逻辑，可以写出下面的代码来表达职业生涯。

```
while( true )
{
    while( true )
    {
        executeCurrentTask();

        if(isTargetFinished()) break;

        switchToNextTask();
    }

    if(isCareerFinished()) break;

    switchToNextTarget();
}
```

这段代码就是我们职业成长的关键代码了。

它的结构和实现一个阶段性目标的代码是完全一样的，所以，你仍然可以用两步滚动法来推动自己前进。

7.9 引入变量，突破成长困境

在"第 4 章 开发者的职场成长路径"中展示过下面这张开发者山行图。

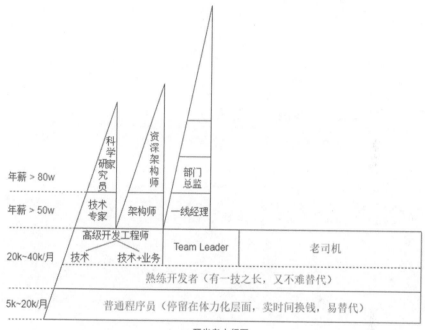

开发者山行图

这张图画出了开发者的 4 个层次，我们在"第 4 章 开发者的职场成长路径"中讨论了自底向上的 3 个层次，并指出了如何完成开发者技术道路上的两个跨越——从普通程序员到熟练开发者、从熟练开发者到技术专家和架构师。

然而，事情并没有那么简单，每一个跨越都是艰难的，你需要持续行动相当长的一段时间，两三年甚至四五年，才能从一个层级晋升到另一个层级。而这么长的周期，你很可能走着走着就迷惑了、失望了、放松了、麻木了，陷入下面的状况。

上班、领导派活、编码、调试、测试、解 Bug、开会、加班、下班……

今天忘了昨天发生了什么，这一周与上一周相似，这一月与上一月相似，这一年与上一年相似……

就这样，你的工作陷入了日复一日、令人窒息、了无生趣的死循环。

```
while( true )
{
    平淡无奇地混过今天 ();
}
```

看不到未来，也收获不了成长，既疲惫又迷惘。

如果你不想办法跳出这个循环，那就永远无法完成那两个关键的跨越，最终的结局可能就是放弃成长就这么混下去，或者带着失望和沮丧转型。

7.9.1 引入变量，4 步跳出死循环

所幸，这个死循环从编程的角度看很容易跳出。

把前面的伪代码改写成下面的这样。

```
Int I = 0;
while( I < 1000 )
{
    i = i + 1;
    平淡无奇地混过今天 ();
}
```

现在，这个循环可以跳出来了！

从程序的视角看，上面的代码发生了下列改变。

◆ 引入了一个变量 i。
◆ i 在每次循环时加 1。
◆ i 持续稳定地加 1。
◆ i 值达到 1000 时跳出循环。

类比到我们的工作本身，做下列 4 件事就可以跳出无趣无望的工作死循环。

① 引入变量。
② 每天做一点积极向上的变化。
③ 持续变化，在一个方向不断累积能量。
④ 到达临界点，跳出循环。

我们来展开描述一下这 4 个步骤。

1. 引入变量

你要引入的变量不一定完全以开发和技术为中心，可以发散出去。

学习新知识，与你工作有关联的或者自己感兴趣的都可以，如项目管理、税法、记账、旅游、加密算法、房产投资、网络协议、基金……

培养新技能，如写作、演讲、反馈、非暴力沟通、讲授、设计 PPT、制作 Excel、拆书、理财……

评估你的工作是否还有可改进的空间，能不能引入新的工作方法……

走出你的职责范围去看看，尝试新的工作内容……

结识新伙伴，例如，公司内你不认识的同事、互联网上同一个技术圈子的人、有业务往来的客户……

所有这些事情都算是在"引入变量"。

有一个问题大家可能会关心：怎样发现要引入什么变量。我们稍后会给出一个框架，能够给你一些思路，帮你找到自己的变量。

你引入的变量，只要直接或间接符合下面两个原则之一，就是有效的。

① 有助于你当下的工作产出。
② 有助于你个人能力的累积。

2. 每天做一点积极向上的变化

如果把 i = i + 1 替换为 i = i − 1 或者干脆去掉，就很难跳出循环。这一点给我们下面的启示：每天进步一点点，而不是每天原地踏步或者退步，这非常重要。

3. 持续变化，在一个方向不断累积能量

很多事情你都绕不过准备的过程。你想直接吃第 6 个能让你饱的包子，那是不可能的。

唯有利用时间的复利，不断在一个方向持续累积，才有可能越来

越犀利。

金钱的复利是利息，时间的复利是成长。

《刻意练习》一书中解构的一万小时天才定律，Scalers 的持续行动一千天，说的就是这个。

注意，这里提到的一万小时和一千天，并不是铁律，和你做的事情以及你个人的实际情况有关。

4. 到达临界点，跳出循环

量变到达某个临界点会引发质变。就工作来讲，你的临界条件，可能是：

◆ 晋升。
◆ 负责新的工作内容。
◆ 获得其他单位的要约。
◆ 在某个方向建立个人品牌。
◆ 下班后收入能够支撑生活。
◆ 某个技能的红利期来临。

你在引入变量时，就要先想想：我希望获得什么改变？临界条件是什么？

这样想，可以反过来检视你要引入的变量，让你引入的变量更契合你的目标。

7.9.2 我开发者生涯中引入的一个关键变量

2008—2014 年，我一直在信利软件公司工作，它是一家中小型公司（公司人数不足 200 人，收入规模不超过 5 千万元）。开发者在这样的小公司里，很容易就会遭遇职级和薪水的双重"天花板"。

从 2009 年起我就一边做产品的架构和核心模块实现，一边负责研发部门的管理工作。开始两年有很多的不适应——要平衡自己身上的开发和管理角色是比较困难的。但这样的困难也恰恰是成长的机会，所以在 2012 年之前，我感到自己拥有了开发和管理的成长双翼，两个方向相互促进，个人综合能力飞速提升。

但从 2012 年开始，我感到自己遇到了瓶颈，虽然还是在不停地做项目、发版本、带新人，但无论是管理水平还是技术能力，都很难有可感知的变化，陷入了停滞状态。

我当然可以像前面说的那样"混下去"，不想那么多，完成工作就好。但我不愿意那样，"日复一日，死水一潭"，我不能接受。于是我就盘算着做点什么和当前工作不一样的事情。

我可以去参加管理培训班提升管理水平，也可以在技术上做点事情，选择很多。你懂的，你想改变，总是会有很多选择，但真正迈出第一步开始行动并没那么简单。

我寻找待引入变量的过程，持续了一年左右，到 2013 年年中才确定下来。

我发现自己在 Qt 这个应用框架上积累了不少知识和经验，公司的开发人员都把我当"词典"和顾问，那我何不写一些文章，分享我在这个领域的见识呢？

于是，我在 2013 年年底重拾写作，开始更新技术博客。用心做，一直做，有人看，有人反馈说有用，我就很高兴，别的也没想那么多。

后来就有编辑找到我，约我出书。哎呦，这个可以尝试啊，我自己也爱写！于是我就闷头开始写书，也没想着能拿多少版税。就这样，2014 年出版了第一本技术图书《Qt on Android 核心编程》，后来又出了第二本《Qt Quick 核心编程》。慢慢建立了一点儿个人影响力。我也因此从公司内走到了公司外，成了 Qt 开发方面的专家。

后来我的职场生活也因此发生了很大变化，很多公司找我加盟，我拥有了更多的选择机会。

◆ 2013 年年底，阿里上海研究院邀请我加入。
◆ 2013 年年底，台达电子邀请我加入。
◆ 2015 年年底，拿到全时和广联达的 Offer。
◆ 2014 年 4 月，2016 年 11 月，华为邀请我加入。
◆ 在 2014—2017 年，不间断地有公司因为 Qt 而邀请我加入。

我实现了工作自由：在西安这座城市，我可以选择我想去的公司，拥有选择权。

这一切都是因为我在 2013 年给自己的职场引入了"技术写作"这个变量。我因此非常赞同一句话："与其诅咒黑暗，不如点燃蜡烛。"

当你在开发道路上遭遇瓶颈，触碰到"天花板"时，只要你找到自己的变量，慢慢就可以用它照亮你的路，引发你新的变化，带给你新的可能性。

那么，我们要如何才能找到自己的变量呢？接下来的框架可能会帮到你。

7.9.3 13 个方法帮你发现变量

有时我们花费很长时间也无法从成长困境中走出来，这是因为没有找到合适的变量。所以，这里提供几个发现变量的方法，也许你可以用它们找到自己的变量。

1. 意外事件

意外的成功会带来你意想不到的成长机会。例如，你在博客分享了一篇技术文章，过两天去看，忽然发现阅读量、转发量飙升，这时一定不要放过，研究一下各种原因。也许是你写出了解决某个常见问题的答案，也许是填补了某方面资料的空白。如果你持续沿着这个方向去做，就有可能在这个领域建立个人影响力和品牌，而你在这个过程中也会有新的成长和体悟。

意外事件也包括失败。失败中往往潜藏了很多你没意识到的问题，仔细研究，可以汲取经验。

2015 年 2 月 7 日，足记 APP 上线"大片模式"。没想到引发朋友圈疯传，仅仅 10 天的时间，它在 APP Store 的排名从 Top 1000 开外蹿升到了免费分类全榜第一！

不过没想到的是，因为用户量激增，足记 APP 的后台服务瘫痪，导致了串号、不能注册、频繁闪退等各种致命问题。等到足记 APP 创始人杨柳找来各路朋友帮忙解决服务端的问题时，美图、Camera 360 和其他一些图片软件已经纷纷上线了类似的图片处理方式，很多用户因为足记 APP 服务的问题已经转去了其他应用软件。

开发人员从足记 APP 的这个意外事件中至少可以获得下面的学习提升机会。

◆ 如何从技术上架构系统，应对大用户量和大并发？

◆ 在用户量激增时，如何降维应对，保障关键服务的质量？

2. 让你别扭的事和环节

那些让你觉得别扭、凑凑合合过得去但又不舒服的事情、环节，往往隐藏了改进的空间。

例如，你发现客户每次投诉，要通过后台排查问题时，都要分析几百兆的日志，用 UltraEdit 都很难找到关键词。这时，你就可以考虑优化日志系统、开发日志检索工具，这样，不但排查问题的效率会提高，你对整个系统的了解也会增进。

例如后台服务部署上线，每次都是凌晨 2 点开始，搞到 6 点，花三四个小时才完成。虽然大家熬一夜可以解决问题，但是一周发一个版本，一周来一次通宵，吃不消哇。那么这个时候是不是就可以看看，能否把产品做得方便部署？甚至一键部署？如果能做到这点，你对项目管理和维护的认识、看问题的视野都会不一样。

例如，你和领导沟通项目，10 次有三四次会在工作量评估、交付日期等方面发生分歧，很难达成一致，最后要么领导以权力压你，要么你心不甘情不愿地妥协。那你反思一下，是不是你应该在沟通方法、对话技巧、向上管理等方面提升一下？

定期（每周、每月）回顾，找找工作中那些让你别扭的事和环节，有助于发现改进和提升的方向。

3. 程序需要

做某件事、某个业务、某个项目的某一道程序，需要某个知识、某个技能。

举个简单的例子，你原来根本不写单元测试，现在公司引入新的项目管理方法，所有代码都必须跑过单元测试才能提交，那好，你就会去学习怎么在开发过程中引入单元测试，就会去研究 CppUnit 或者 JUnit 怎么用，甚至会去学习 TDD（测试驱动开发）是怎么操作的。

4. 行动和学习双系统互动

我们的成长分两个维度：学习和行动。

学习指导实践，实践反过来促进学习，螺旋前进。

如果你一直不停地做事情但没什么提高，就停下来反思一下，看看是不是没有好好学习，没有看到大的格局，没有用正确的方法去做事；如果你一直不停地学习各种知识、各种方法，但解决现实问题的能力却没什么变化，那就停下来反思一下，是不是自己把学习当成了逃避的手段，缺乏必要的行动。

我一直想提高写作水平，买了很多本书，《成为作家》《作家之旅：源自神话的写作要义》《故事》《文心》《怎样讲好一个故事》《故事策略》《开发故事创意》《金字塔原理》等，还上了一些写作课，王诺诺的知乎 Live、弗兰克的 21 堂写作课。

没事儿我就翻翻书，或者听听课，觉得自己学会了一个又一个写作手法，水平应该已经提升了。可是公众号的文章发出来，并没有多少人点赞，甚至有读者私下里给我反馈说，你现在的文章写得不如以前了……

这就是典型的把学习当成了逃避。因为看看书、听听课是很简单，又很容易让人有成就感的事情。但实际上，只看书听课是远远不够的，必须要练习，反复地写，反复地改，根据反馈不断地调整，这样才能提升写作能力。

5. 直面问题

运维反馈了一个 Bug——后台服务每隔两三天就会内存耗尽，失去响应，必须重启。

你会怎么做？

很多开发者会查一查，查不出来就写一个监控脚本，每天凌晨 3 点重启服务。好啦，问题绕过去了。

这是很多开发者的习惯——绕过问题。包括我自己，也做过不少类似的事情：加条件、隔离代码、"贴膏药"。因为查出真正的问题太困难、太耗时了。

但实际上，当你绕过问题时，就放弃了真正解决问题所带来的成长。

不同范畴的问题需要不同的知识、技能来解决，当你有意识地去面对问题，采取"硬碰硬"的方式解决时，你就会被迫去学习新的知识和技术，并且扎扎实实地把它们用起来。

6. 主动迁移知识、经验、思维

我们开发中学到的很多知识是可以抽象之后迁移到别的领域中的。

例如，本节开始时，我就把 while 循环和职场成长困境联系在了一起，通过代码中跳出循环的做法，类比出跳出个人成长困境的 4 个步骤。

还有很多其他的知识、方法、工具、思维都可以迁移。

例如，SCRUM "每日站会"时的 3 个问题，就可以稍做变化，变成你个人的工作习惯。试试看，每天下班问问自己"今天完成了什么？""今天遇到了什么问题？""明天做什么？"会给你带来什么样的变化。

你主动把软件开发工作中用到的知识、技术、习得的思维、经验迁移到新的领域去发挥作用，既可以锻炼你的抽象能力，也可以加深你对这些知识、经验、思维的理解。反过来，你也可以把其他领域的做法主动引入软件开发领域，很可能会取得你意想不到的效果。

7. 与人碰撞

在 2013 年之前，我一直有一个想法，觉得如果一个开发者加入一个好的企业，进入一个好的团队，大家一起做一个好的产品，即便你只是跟着团队、公司往前冲，也会有非常不错的发展。因为你搭上了一艘好船，只要船行驶得好，个人自然能去到你想去的地方。

可是有一天中午和一个朋友吃饭，他告诉我，组织是不可靠的，我们可以依赖的只有自己。

"你在一个平台上做事情，一定要想清楚，哪些是平台的能力，哪些是你个人的能力，只有个人的能力才是你随时可以带走的，才是可以跟着你转战南北的。所以，你一定要想想，假如 3 年后你离开公司，你拥有什么？会变成什么样子？你靠什么找到下一个机会？"

那顿饭吃的是什么我不记得了，但他说的话我一直记着，我必须感谢他曾经对我说过这样一番话。也是从那时起，我开始了自我的觉醒，慢慢尝试着规划工作之外的个人目标，并在实现公司目标的同时，努力去实现它。

那次对话，让我体会到"听君一席话，胜读十年书"这句话的含义。也是从那时起，我觉得与人碰撞是可以给我们带来意想不到的改变的。因为与你不同的人，有与你不同的经历、视野、认知和思维，可以从你想象不到的角度照亮你的思维暗区，让你豁然开朗。

所以，当我们遇到瓶颈时，不妨与一些我们不一样的人聊聊。下面的 5 个不同原则，可以帮助你从身边的朋友中筛选出合适的人。

① 技术与你不同。
② 产品与你不同。
③ 职能与你不同（例如，产品、需求、营销、销售、运维、售后等）。
④ 公司与你不同。
⑤ 行业与你不同。

虽然与我们存在显著不同的人，往往能在我们意想不到的地方和我们碰出火花。但请谨记，我们必须要保持开放，放下根深蒂固的技术自我，否则只会觉得对方狗屁不通、完全不能理解自己。

8. 整理自己

我们总是在往前看，我们还能把某某技术学到什么程度，还能获得什么标签，还能做什么事情……成长的焦虑如此强烈，以至于我们根本停不下来。

但实际上，你很可能已经拥有了很多东西，这些东西中有不少是未完全发酵的，还有不少东西是没有和你的另一些东西完全链接的。

请尝试整理自我，把你的经历、知识、技能、经验都整理出来，像准备基础简历一样，一点一点抠出来并列在纸上，看看是不是这些你已经拥有的价值点上，可以长出新的东西来。

有 5 种策略可以尝试。

① 深挖，例如，你最擅长的技术，是不是做到"专项能力修炼"一节中讲的改造层？
② 广积，例如，你最熟悉的知识领域，是不是做到了见闻广博、事事通晓？

③ 缺口，很多领域都有其基础的知识体系，请找到你最擅长的知识、技术领域的基础知识体系，看看自己还有哪些缺口，尝试把它们补全。

④ 关联，你掌握的很多知识、技术，彼此之间都关联了吗？能建立联系吗？

⑤ 融合创新，你已有的知识、技能是否可以通过叠加、迁移、关联创造出新的东西出来？

还记得下面这张图吗？

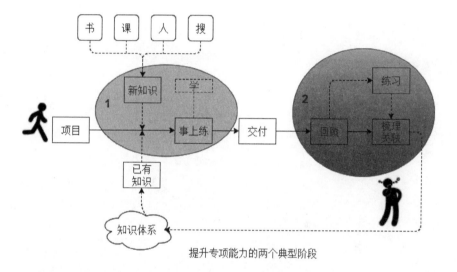

提升专项能力的两个典型阶段

图中标注的阶段 2，就特别适合去做整理、回顾这项工作。经常做做，往往会有奇妙的发现，会恍然大悟——"哇哦，原来我这个模块还可以用那种方式来实现。"

9. 重新思考工作和生活的目标

每个人工作和生活的道路都是动态变化的，会不断受到外来机会的影响，很可能你今天觉得自己还可以再做十年技术工作，明天忽然就毅然决然地开始转型。

工作和生活目标的调整，往往会引发知识体系的重构。新的问题需要新的知识来解决，新的需求需要新的技术来实现，新的领域需要新的思维去适应。

举个例子，你原本做 Java 后端开发工作，在 SSM 上很有造诣，在团队里也很有影响力，现在你的经理离职，你就可能面临一个选择——竞争管理岗位。这时你就会重新思考你的职业发展道路，如果你决定转型做管理，你的整个知识体系就会围绕着"如何带好团队"来重新构建，你就会因此获得新的成长。

10. 站在老板的位置看看

老板要求你一个月做完当前版本，你觉得不可能，工作量太大，人手又不够，于是死命和老板硬怼。但是你知道老板为什么这么要求吗？他真是一个不可理喻的家伙吗？

事实是，老板紧盯不放的新版本中有一个重要的功能更新，是为"双11"准备的，可以减少交易环节的两个步骤，能够大幅提升用户从浏览到购买的转化率。而如果错过了"双11"，这个版本的作用就很难体现出来了。

了解到这点，你会怎么想？

你通常只会基于你的位置来看待你的工作和所遇到的问题，所以你总是会用你觉得合适的方法来解决问题。但实际上，你可能根本不知道真正的问题是什么，因为你接到的就是"把商品详情页面的布局改成这样"这类指示，你没有想到这么做背后的考虑是什么。

所以，请一定要尝试着离开自己的位置，站高一点去看，站到老板的位置上去看，这样你就能看到你所做事情的具体意义，就会有不一样的感受，可能会采取不一样的行为，获得不一样的成长。

11. 跳出你的职责范围来看事情

如果你有机会去做职责范围外的事情，就有可能从不同的角度来看到你自己的工作，获得不一样的收获。

2002—2005 年，我在做程控交换机的售后技术支持工作，每年会升级两次程控交换机的运行程序。每次升级要持续一两个月。

每个没有星星和月亮的夜晚，我都带几十张软盘坐在同事驾驶的汽车里，沿着弯弯曲曲的乡村公路撒下我的祈祷——"今晚的软盘不要坏啊，今晚的软盘不要坏啊！"

要知道，当时一份程序要使用四张软盘分四次复制才能升级，如果你带的两个备份全坏了，交换机程序就无法更新，你就白跑了几十里路，还要过来。

这个事情给我留下了非常深刻的印象，至今不能忘怀，甚至是耿耿于怀，为什么不可以通过网络进行更新呢？友商华为已经做好了呀！

所以，如果你是公司的研发人员，跟着技术支持人员在黑乎乎的夜晚跑上 30 个村镇，你就会改变"软盘更新程序很不错了"的这种想法，就会赌咒发誓说，自己要是再做交换机程序，绝对不要用软盘更新。

这就是角度带来的变化。

作为开发人员，如果你有机会，一定要跳出你的职责范围，到和你关联的上下游岗位上去体验一下，看看你的工作与别的同事有什么关系，看看你习以为常的小毛病会给别人带来多大的麻烦。这种体验绝对会反过来让你提高对自我的要求，推动你把事情做得更好，而你自己也会因此获得成长的突破。

与此相关，你还可以去看看你觉得"根本不可能出现的 Bug " 出现时，给用户带来了多大伤害……这些事情，也会刷新你的三观。

12. 跳出技术牢笼看成长

我在分答和订阅号"程序视界"中收到过很多诸如"为什么我技术很好却总得不到提拔、那些只会拍马屁的家伙却晋升得比我快"的问题。

从职位角度看，职位越高，深谙技术细节的效用就越小，与别人成功交互的作用越大。技术方案只是纯技术性的，逻辑上可以解决问题，能够被人接受，但现实中别人会不会接受，则取决于你有没有很好地与人交互。而与人交互则需要很多开发者并不擅长的软技能。

所以，如果你发现自己的技术水平很高却迟迟得不到晋升，可以检视下自己的关系技能、个人技能和商务技能是否需要提升。我们在前文中引用的软件架构师的金字塔能力模型（见下页图），对大多数开发者都适用。

软件架构师的金字塔能力模型

记住，大多数时候你所谓的"技术天花板"，其实只是缺乏软技能而已。这些技能，只要你决定改变，愿意付出努力，都是可以习得的。

13. 变换环境

环境对一个人有强大的影响力，环境会塑造人，甚至会决定你未来的职业高度。

当你觉得自己在当前的环境中已经很难成长时，可以考虑到竞争激烈的环境中去，那里有更多优秀的团队和更多优秀的人，那些人可以和你碰撞，也可以"虐"你，更可以砥砺你进一步成长。

7.9.4 选择变量的原则

前面我们介绍了 13 个发现新变量的方法，你可能会因此看到很多和你相关的变量，陷入选择困境。所以，这里再提供一个选择变量的原则——引入这个变量，是不是能让我积累更多能力，是不是能让我更有价值。

祝愿所有人都可以持续成长，成长为自己想要的样子。

7.10 程序员职业规划的 3 个锦囊

我们在面试时经常会被问到一个问题——"你未来三到五年的规划是什么？"很多小伙伴不理解面试官为什么这么问，也不知道怎么回答。

实际上，即便面试官不问，我们也应该多想想这个问题。因为它指向的是我们自己的职业生涯规划。

有明确清晰的规划，我们才能走得更顺畅、更高效、更长远。

那么，怎么做职业生涯规划呢？

这里提供一个非常简单的模型：现状 – 路径 – 目标。

我们以汽车导航为例来说明这个模型。

我在西安，要开车去延安，会打开高德地图，搜索到延安，设置为目的地，然后选择开始导航，高德地图就会先找到我所在的位置——高新四路和科技路交叉口，然后帮我找到一条路线通往延安。

这个规划导航的过程，就是职业生涯规划的过程：确立目标，确认当下的位置，从当下的位置规划出去往目标的路径。

职业生涯规划从逻辑上看就是这样，人人都可以为自己规划。但我们经常说不上来自己的职业规划，这是为什么呢？

最关键的原因是：找不到目标。

所以，这里要教给大家一个简单好用的方法——对标法。

所谓"对标"，就是对比标杆找差距。只要你找到标杆就可以找到目标。

我给大家准备了 3 种寻找标杆的方法：

① 程序员职业发展的四个阶段。
② 公司内的下一个职级。
③ 榜样。

下面展开来说下。

7.10.1 程序员职业发展的四个阶段

在职业生涯领域，美国的著名学者舒伯提出过一个经典的理论——生涯发展阶段理论。我们参考它，可以把程序员的职业发展分为试行、确立、安定、保持四个阶段。

1. 22 ~ 24 岁，试行阶段。

这个阶段最主要的任务，是探索"软件开发是否适合我？""什么技术栈适合我？""什么领域适合我？"这三个问题的答案。

在探索的过程中，还要在专业技能上打好基础，能够掌握一两种编程语言，熟悉一个技术栈，可以胜任别人安排的一般复杂度的任务。

这个阶段还有一个非常重要的事情：培养自主学习和解决问题的能力。

2. 25 ~ 30 岁，确立阶段。

这个阶段最主要的任务有两个。

一是在探索的基础上选定一个技术领域，深入积累，形成自己的优势标签，例如，有的人成了自己团队里的 Spring Boot 专家，有的人成了自己公司的 Golang 布道者，有的人吃透了业务技术也很棒。

二是探索自己未来的发展方向，是走技术路线，还是走管理路线。

这个阶段的后期，我们要能够理解业务和架构，有产品和设计思维，有大局观和一定的高度，变得和前一阶段不一样——我们要有负责较复杂模块的能力，能够指导处在前一阶段的程序员。

注意，从这个阶段后期，我们要开始关注专业技术之外的东西，例如管理、沟通、演讲、规划、产品等通用能力。因为职场后期的"天花板"往往是因为缺乏通用能力造成的。

3. 31 ~ 40 岁，安定阶段。

这个阶段，无论你走技术路线还是管理路线，方向都应该比较明确了，主要任务就是全情投入，积累优势，形成地位。

走技术路线的人成了某一技术方向的专家或者能解决某一类问题的专家，有较强的技术影响力。大家遇到你精通的那个领域的问题，都会来找你咨询，你成了提供意见和指导的那个人。

走管理路线的人成了架构师或中层管理人员，能够很好地组织协调团队的力量，完成公司的目标，一个新的产品或项目过来，能够迅速理解业务、拆分业务，形成技术架构，组织开发力量执行架构，最终顺利完成目标。

在这个阶段，你的目标就是致力于成为团队的领军人物。

4. 41+ 岁，保持阶段。

这个阶段的首要任务是竭尽所能保持自己的地位和优势。

做技术的人要继续深挖，将影响力从小团队扩大到公司、从公司内扩大到公司外，同时也要提升高度和宽度，还要培养提升诸如辅导、讲授、演讲、展示、沟通等通用能力。

做管理的人要提升管理能力和领导力，从带小团队到带大团队，从管一个项目到管理项目群，从带一线执行者到管理基层管理者。

程序员职业发展的四个阶段是由前而后依次展开的，前一阶段的发展情况会影响后面的阶段。

假如你在确立阶段没有做好，一直没有完成探索，没有找到方向，反复调换，那你的确立阶段就很难完成，肯定会接着探索。

假如你在确立阶段没能成为一个熟练的开发者，没能确定是走技术路线还是管理路线，那后面的安定阶段就很难集中精力快速突破，建立优势。

假如你在安定阶段没有形成优势，就不会有保持阶段了，而是会迅速失去性价比，飞快贬值，进入衰退阶段。

这四个阶段是一般性规律，你可以对照它们，发现自己所处的阶段，了解这个阶段的关键目标，结合自己的情况形成自己的目标。

7.10.2 公司内的下一个职级

多数公司都会为员工设计职业发展通道，常见的有专业通道和管理通道。每个通道都会设定一些职级，指导员工的发展和晋升。例如，阿里的工程师通道，职级从 P3~P10；管理人员通道，职级从 M1~M5。

每一个职级都会有职级描述，其中一定会有这个职级的入口条件。

我们从职级序列和描述中，可以找到自己的目标。

以阿里为例，你是 P5（高级工程师），那你的下一个目标就是 P6（资深工程师，相当于 M1）。你去研究一下 P6 这一级别的岗位定义和职能描述，看看它需要什么知识、技能、经验，作为自己的目标，制订有针对性的获取计划。

这样，你就有了一个简洁、有效的职业规划。

只要你每半年或一年规划一次，始终向前看就会不断成长。

有的人可能会说："我们公司很小，各项制度还不完善，根本没有职业发展通道。"那也没关系，你可以找其他公司的，或者在招聘网站上去找自己感兴趣的职位，看看这个职位对知识、技能、经验的要求，以它们作为你的目标。

7.10.3 榜样

榜样不是偶像，偶像只能仰望和膜拜，你很难成为他。榜样是你想成为并且通过努力可以成为的那个人。

例如，你那个温文尔雅说话让人如沐春风的上司，你那个 MyBatis 特别精通的同事，你那个拥有丰富微服务实践经验的架构师……

你以某个人为榜样，一定是有原因的。

◆ 因为其拥有的某种能力将其视为榜样。
◆ 喜欢他身上的某种行为表现，而这种行为表现是经由某些能力组合起来造就的。
◆ 想担任他身上的某种职务。

所以，请像庖丁解牛一样分析下你的榜样，看看你对他身上的哪些知识、技能、角色感兴趣。将这些知识、技能、角色组合起来，就可能成为你的职业发展目标。

在找榜样时，最好涵盖同级同事、上司、上司的上司这么三类，每类找一个榜样，这样可以从三个榜样身上挖掘不同的学习目标，整合在一起，往往会形成远近结合的职业目标。

7.10.4 职业规划图

当你找到了目标，盘点了现状，就可以思考一下怎么从现在走向你的目标。

这里提供一个小工具——职业规划图（见下图），辅助你记录自己的规划。

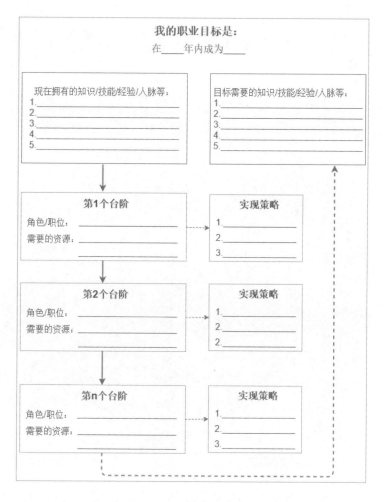

在我们的职业规划图中，把职业目标分成了几个台阶（子目标），每一个台阶都关联有实现策略（例如，学习新的工作方法、参与领导力培训、提升计划能力等），等每一个台阶都实现之后，就会抵达我们的目标。

最后提醒一点，规划图是基础，更重要的是执行、是行动。

行动，行动，持续行动，才会引领你抵达目标。

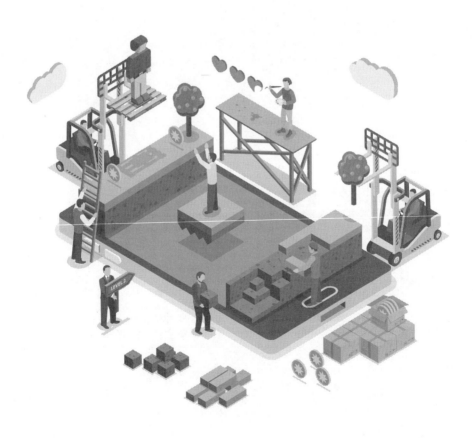

附录

A.1 程序员必去的技术社区与网站

这里整理了 80 多个程序员经常浏览的技术社区、网站等，分享给大家。分如下几类。

- ◆ 专业技术社区。
- ◆ 资讯。
- ◆ 工具。
- ◆ 在线教育平台。
- ◆ 招聘。

A.1.1 专业技术社区

这里列出一些综合性的技术网站和社区，没有列那些针对某一特定语言的社区，因为这一类可以直接搜索该语言。

- ◆ GitHub（https://github.com/）：全球最大的开发者平台，提供代码托管服务，开源产品或商业产品均可使用。对开发者来讲，这里基于各种编程语言的开源类库、产品应有尽有，可谓一站在手，遍览天下代码。
- ◆ Stack Overflow（https://stackoverflow.com/）：最专业的编程技术问答网站，你遇到的大部分问题，都可以在这里找到答案。
- ◆ CSDN（https://www.csdn.net/）：国内最大的专业 IT 技术社区，包罗万象，涵盖业界资讯、技术博客、技术论坛、在线课程等。我的技术博客写作是从这里起步的。
- ◆ SourceForge（https://sourceforge.net/）：历史悠久的开源软件平台，既有开源代码仓库，又有开源软件下载。我刚从事软件开发工作时，常来这里寻宝。
- ◆ CodeProject（https://www.codeproject.com/）：历史悠久的代码分享网站，原来主要是 VC 和 Windows 开发，现在已经包罗万象了。我刚从事软件开发工作时，从这里下载过很多代码。
- ◆ 51CTO（http://www.51cto.com/）：中国领先的 IT 技术网站，与 CSDN 类似，涵盖业界资讯、技术博客、在线课程等。
- ◆ InfoQ（https://www.infoq.com/）：极客邦旗下的综合性开发者社区，涵盖软件开发新闻、视频、图书等，它的迷你书非常不错。

- 思否（https://segmentfault.com/）：综合性的 IT 技术网站，学习技能，解决问题。
- 博客园（https://www.cnblogs.com/）：开发者的网上家园，.NET 方向的技术内容较多。
- 中国电子网（http://www.21ic.com/）：电子工程师的首选网站，包括资讯、技术文章、各种元器件介绍、招聘信息等。
- 电子发烧友（http://www.elecfans.com/）：电子工程师社区，包括资讯、电路图、电子技术资料等。
- 嵌入式 Linux 中文站（http://www.embeddedlinux.org.cn）：提供学习、讨论、研究嵌入式 linux 的平台，内容涵盖行业新闻、在线图书、技术手册、技术方案、内核驱动、文件系统、图形界面以及新手入门导引等。
- 嵌入式（https://www.embedded.com/）：英文版的嵌入式网站，可以看看。
- C114 通信网（http://www.c114.com.cn/）：通信人的家园，涵盖各种通信行业的咨询、技术、产品等。
- 开源中国（https://www.oschina.net/）：综合性的 IT 技术社区，在这里可以浏览开源项目、技术新闻、问答求助、写博客，也可以托管代码、交易项目、招聘求职等。
- 掘金（https://juejin.im/）：新崛起的综合性技术社区，有付费产品"小册"，是图文形式的。
- 开发者头条（https://toutiao.io/）：综合性技术社区，和"掘金"几乎同时出现。
- 游资网（https://www.gameres.com/）：游戏开发者社区。
- Linux 内核档案（https://www.kernel.org/）：Linux 内核档案，英文版。
- Linux 基金会（https://www.linuxfoundation.org/，中文版 https://linuxfoundation.cn/）：权威的 Linux 技术相关资讯。
- Linux（https://www.linux.com/）：各种 Linux 知识，英文版。
- Linux（https://www.linux.org/）：各种 Linux 知识，英文版。
- Linux 公社（https://www.linuxidc.com/）：Linux 系统门户，内容涵盖 Linux 新闻、教程、编程、数据库等。
- Unix 技术网（http://bbs.chinaunix.net/）：国内专业的 Unix 和 Linux 应用与开发者社区。
- MSDN（https://msdn.microsoft.com/library）：微软开发者网

络，提供各类 API 入口。

◆ W3C（https://www.w3.org/）：各种 W3C 标准文档都可以在这里找到。

◆ 苹果开发者中心（https://developer.APPle.com）：苹果开发者官网。

◆ CocoaChina（http://www.cocoachina.com/）：国内的苹果开发者社区，现在转向移动开发了，也有一些非 iOS 的内容。

◆ 安卓开发者中心（https://developer.android.com/）：安卓开发者官网。

◆ 安卓巴士（http://www.apkbus.com/）：中文安卓开发社区。

A.1.2 资讯

与技术人员相关的一些资讯网站，日常关注可扩大知识面，了解行业趋势，拓展思维和认知。

◆ 硅谷密探（http://www.svinsight.com/）：报道最新的硅谷黑科技。

◆ hacker news（https://news.ycombinator.com/）：骇客新闻，只有英文版，可练习英文阅读。

◆ TechCrunch（https://techcrunch.com/）：创业公司和技术新闻，英文网站，可了解全球领先资讯，还可练习英文。

◆ 虎嗅（https://www.huxiu.com/）：一个用户可参与的商业资讯与观点交流平台，关注互联网与移动互联网一系列明星公司（包括公众公司与创业型企业）。

◆ 36 氪（https://36kr.com/）：提供覆盖全球一级市场的宏观数据分析、政策解读、行业预测、投融资分析等资讯。

◆ 极客公园（http://www.geekpark.net/）：提供前沿科技的观察报道、业界一流的线下活动、众筹孵化等全方位的创业服务。

◆ TechWeb（http://www.techweb.com.cn/）：互联网消费资讯媒体。

◆ 瘾科技（https://www.engadget.com/，中国版地址 https://cn.engadget.com/）：消费电子产品资讯。

◆ 少数派（https://sspai.com/）：推荐各种有特色的软硬件产品。

◆ 流媒体网（http://lmtw.com/）：流媒体领域的资讯网站，值得一览。

◆ Reddit（https://www.reddit.com/）：美国版天涯 + 贴吧，各

种主题和社区，有很新的新闻，号称来自互联网的声音，提前于新闻发声。

A.1.3 工具

这部分介绍几个能大幅提升我们工作效率的工具类网站。

◆ Google（https://www.google.com）：最好的搜索引擎，没有之一，专业技术问题检索最靠谱。

◆ IT 桔子（https://www.itjuzi.com/）：可查看 IT 领域的投融资新闻，可以分析行业趋势。

◆ 天眼查（https://www.tianyancha.com/）：可查询企业信息，包括法人、股东、经营范围、融资历程、竞品等。

◆ 爱看图标网（http://www.iconpng.com/）：免费的中文图标搜索引擎。

◆ 百度脑图（http://naotu.baidu.com/）：云端思维导图工具，免安装，易分享。

◆ ProcessOn（https://www.processon.com/）：免费在线制作图形，实时协作。支持流程图、思维导图、原型图、UML、网络拓扑等。

◆ draw.io（https://www.draw.io/）：在线绘图工具，支持基本框图、流程图、UML 图等，功能强大，堪称免费的 Visio，有桌面版本。我目前最常用的绘图工具，本书中超过一半的插图，是使用 draw.io 绘制的。

◆ 在线 JSON 校验格式化工具（http://www.bejson.com/）：不但有 JSON 格式化，还有 JS、HTML 等，很多便利的小工具。

◆ 开源中国的在线代码格式化工具（http://tool.oschina.net/codeformat/js/）：支持 JS、HTML、XML、CSS、JSON、SQL、Java 等。它旗下的码云（https://gitee.com/）相当不错，是 GitHub 之外的另一个代码托管平台。

A.1.4 在线教育平台

开发者必须积极主动、持续不断地学习，争取做到"苟日新、又日新、日日新"，有生之年不断向上生长。因此，提供一系列 IT 相关的在线教育平台给大家参考。

◆ CSDN 学院（https://edu.csdn.net/）：CSDN 旗下的学院，主

要针对开发者，有大量专业的收费视频课程，讲师多是一线开发者。我个人有一些视频课程放在这里。

◆ GitChat（https://gitbook.cn/）：CSDN 旗下的在线教育网站，以图文教程为主，分 Chat 和达人课两类，可在微信中使用，适合碎片化场景学习，也可以在 PC 上使用。我有几个 Chat 和一个达人课在这里，感兴趣的可以看看我的"程序员职场进阶 32 讲"（https://gitbook.cn/gitchat/column/5aeab69b4eb5f845a07695e8）。

◆ 知乎 Live（https://www.zhihu.com/lives）：知乎的专业语音直播平台，覆盖三百六十行，有不少 IT 领域的 Live 小讲，还有不少职场技能的，适合碎片化场景学习。我在这里有 20 多个 Live，感兴趣的可以看这里——"安晓辉的知乎 Live 小讲"（https://www.zhihu.com/lives/users/f33e4e299ef5fcc7d792adb333671cfa）。

◆ 51CTO 学院（http://edu.51cto.com/）：51CTO 旗下的学院，覆盖 IT 各领域。我的一部分视频课程也放在这里。

◆ 网易云课堂（https://study.163.com/）：网易旗下的综合型职业课堂，有 IT 技术的，也有其他职业的，相当不错。

◆ 优达学城（https://cn.udacity.com/）：来自硅谷的在线学院，可以自选课程，可授予纳米学位，提供各种软件开发技术类课程。

◆ 麦子学院（http://www.maiziedu.com/）：专业的 IT 职业教育网站。

◆ 极客学院（https://www.jikexueyuan.com/）：专业的 IT 职业教育网站。

◆ 慕课网（https://www.imooc.com/）：程序员的"梦工厂"，有大量视频课程，覆盖各种技术栈。

◆ 极客时间（https://time.geekbang.org/）：极客邦旗下的在线教育平台，针对互联网人群，课程相对专业和高端。有极客时间 APP，酷壳的陈皓在这里有一个"左耳听风"专栏，非常棒。

◆ 腾讯课堂（https://ke.qq.com/）：专业的在线教育平台，涵盖各行各业，但 IT 互联网占比很大。

◆ 淘宝教育（https://xue.taobao.com/）：综合性的在线教育平台，有一部分 IT 类视频课程。

◆ AI 大学（https://www.aidaxue.com/）：科大讯飞打造的面向

AI 的在线学习平台，有很多不错的公开课和 AI 专业课程。

◆ i 春秋（https://www.ichunqiu.com/）：网络安全、信息安全、白帽子等方向的教育培训。

刚列出的在线教育平台多数是收费的，现在介绍几个超级棒的免费在线教育平台。

◆ tutorialspoint（http://www.tutorialspoint.com/）：各种编程语言和技术框架的入门图文教程，非常棒。

◆ W3school（http://www.w3school.com.cn/）：领先的 Web 技术教程，全部免费。

◆ html5rocks 入门教程（https://www.html5rocks.com/en/tutorials/）：html5rocks 现在迁移到了 Google Web 开发者社区（https://developers.google.com/web），不过还是有不少存档的入门教程，值得一看。

A.1.5 招聘

提供 10 个招聘平台，最好每个都了解一下。

① 拉勾网（https://www.lagou.com/）：专业的互联网招聘平台。

② 智联招聘（https://www.zhaopin.com/）：综合性招聘平台，互联网 IT 基础类职位较多。

③ 前程无忧（https://www.51job.com/）：综合性招聘平台，互联网 IT 基础类职位较多。

④ 100offer（https://cn.100offer.com/）：高端互联网人才招聘网站，特色是竞拍模式，你提交简历，100 个匹配需求方来竞拍你。

⑤ 猎聘网（https://www.liepin.com/）：精英职业发展平台，相对高端。

⑥ 领英（http://www.linkedin.com）：相对高端的社交招聘平台。

⑦ BOSS 直聘（https://www.zhipin.com/）：互联网招聘神器，有网站和手机 APP。特色是老板直招，可以和需求方在线沟通。实际上，与你聊天的多数不是老板。

⑧ 哪上班（https://www.nashangban.com/）：高质量互联网人才招聘平台。

⑨ 脉脉（http://maimai.cn）：职场社交网站，有网站和手机 APP。匿名小道消息横飞之地，具有招聘功能。

⑩ 简寻（https://jianxun.io/）：智能招聘解决方案提供商，号称是 AI+ 招聘。

A.2 本书提到的 46 本书

本书在行文中提到了一些图书，特此列出来（按书中出现顺序），供有需要的参考。

◆ 《程序员的成长课》（安晓辉、周鹏）。
◆ 《程序开发心理学》（杰拉尔德·温伯格）。
◆ 《成为技术领导者》（杰拉尔德·温伯格）。
◆ 《颠覆完美软件》（杰拉尔德·温伯格）。
◆ 《高效能人士的 7 个习惯》（史蒂芬·柯维）。
◆ 《Qt Quick 核心编程》（安晓辉）。
◆ 《人工智能简史》（尼克）。
◆ 《刻意学习》（Scalers）。
◆ 《软件调试》（张银奎）。
◆ 《格蠹汇编》（张银奎）。
◆ 《Qt on Android 核心编程》（安晓辉）。
◆ 《聊聊架构》（王概凯）。
◆ 《大型网站技术架构：核心原理与案例分析》（李智慧）。
◆ 《亿级流量网站架构核心技术》（张开涛）。
◆ 《DirectShow 开发指南》（陆其明）。
◆ 《DirectShow 实务精选》（陆其明）。
◆ 《代码之道》（Eric Brechner）。
◆ 《横向领导力》（罗杰·费希尔、艾伦·夏普）。
◆ 《带人的技术：不懂带人你就自己做到死！》（石田淳）。
◆ 《非暴力沟通》（马歇尔·卢森堡）。
◆ 《所谓情商高就是会说话》（佐佐木圭一）。
◆ 《刻意练习》（安德斯·艾利克森、罗伯特·普尔）。
◆ 《项目百态：深入理解软件项目行为模式》（Tom DeMarco、Peter Hruschka、Tim Lister、Steve McMenamin、James Robertson、Suzanne Robertson）。
◆ 《软件架构师的 12 项修炼》（Dave Hendricksen）。
◆ 《10 天谋定好前途》（洪向阳）。

- 《你的降落伞是什么颜色》（理查德·尼尔森·鲍利斯）。
- 《清单革命》（阿图·葛文德）。
- 《深度工作：如何有效使用每一点脑力》（卡尔·纽波特）。
- 《番茄工作法图解》（史蒂夫·诺特伯格）。
- 《复盘》（陈中）。
- 《金字塔原理》（巴巴拉·明托）。
- 《认知设计》（Julie Dirksen）。
- 《高效演讲》（彼得·迈尔斯）。
- 《高绩效教练》（约翰·惠特默）。
- 《内向者沟通圣经》（珍妮弗·康维勒）。
- 《关键对话》（科里·帕特森、约瑟夫·格雷尼、罗恩·麦克米兰、艾尔·史威茨勒）。
- 《如何说孩子才会听，怎么听孩子才肯说》（阿黛尔·法伯、伊莱恩·玛兹丽施 著，肯伯利·安·蔻 绘）。
- 《蔡康永的说话之道》（蔡康永）。
- 《小强升职记》（邹鑫）。
- 《成为作家》（多萝西娅·布兰德）。
- 《作家之旅：源自神话的写作要义》（克里斯托弗·沃格勒）。
- 《故事》（罗伯特·麦基）。
- 《文心》（夏丏尊、叶圣陶）。
- 《怎样讲好一个故事》（马克·克雷默）。
- 《故事策略》（Eric Edson）。
- 《开发故事创意》（迈克尔·拉毕格）。